W0275303

Hermann Wagners

Entdeckungsreisen im Wald und auf der Heide

Entdeckungsreisen

im

Wald und auf der Heide

Mit seinen jungen
Freunden und Freundinnen unternommen

von

Hermann Wagner

Vierzehnte Auflage

Mit 135 Textabbildungen, zwei Tafeln
und zwei Farbendruckbildern

Springer-Verlag Berlin Heidelberg GmbH
1913

Verfasser und Verleger behalten sich das Übersetzungsrecht vor.

ISBN 978-3-662-33616-8 ISBN 978-3-662-34014-1 (eBook)
DOI 10.1007/978-3-662-34014-1

Softcover reprint of the hardcover 14th edtion 1913

An meine Reisegefährten und sonstigen Freunde.

Die ersten Entdeckungsfahrten haben wir bereits in früheren Jahren glücklich vollendet, mein lieber Reisegenoß. Wir sind zunächst in der **Wohnstube** aus einem Winkel in den andern spaziert und haben dabei auf alles dasjenige genau geachtet, was zur Naturgeschichte gehört, vom Blumenstock am Fenster bis zum Braten auf dem Tische. Dann setzten wir unsere Züge in **Haus und Hof** fort, schauten hinauf aufs Dach, leuchteten mit der Laterne in den Keller und suchten auch wohl in Küche und Speisekammer — wenn die Mutter nichts dagegen hatte. In der Gartenlaube ruhten wir dann im Schatten des Lorbeerstrauchs von unseren Taten aus und musterten die Gewächse der Beete und auf dem Hofe daneben, was kriecht und fliegt. Es lag uns dabei besonders daran, uns deutlich zu machen: welch große Menge von interessanten Dingen aus der Natur in nächster Nähe um uns sind, auf die wir vielleicht bis dahin wenig gemerkt hatten. Wir wollten unsere Blicke gewöhnen zum Sehen und zum Beobachten, so daß wir Herren werden in den eigenen vier Wänden. Wir freuen uns, daß unsere Entdeckungsreisen in Wohnstube, Haus und Hof recht vielen, klein und groß, Vergnügen gemacht haben, so daß wir schon in verhältnismäßig kurzer Zeit einen zehnten Abdruck derselben veranstalten mußten.

Jetzt gehen wir ein wenig weiter; wir ziehen in den **Wald** und hinaus auf die **Heide**. Wir grüßen die grünen Hallen des prächtigen Laubdaches und denken, daß wir auf einige Stunden hier zu Hause sind. Hier kann's uns nicht beikommen, alles aufzählen und nennen zu wollen, was hier grünt und blüht, lebt und webt; nur die wichtigsten Gestalten suchen wir zu fassen und einige ihrer Verwandten daran anzuschließen. Wir wählen bei jedem Ausgang uns einen Liebling, den wir besuchen, fragen aber nebenbei auch nach seinen Vettern und Basen. Wir entwerfen das

Porträt eines solchen Helden des Waldlebens und fügen ringsum die Figuren seiner vertrauteren Kameraden als Arabesken hinzu.

Nachdem wir uns vorgeführt, wie der Wald ehedem ein Ort des Schreckens war, jetzt aber eine Halle der Freude ist, mustern wir die Bäume und Sträucher, die ihn bilden, und sehen dann Kräuter, Gräser und Moose an, die sich als bescheidene Gäste im Schutze jener großen Herren niederließen.

Haben wir die Pflanzen des Waldes eingehender gemustert, dann beachten wir die Käfer, Schmetterlinge und Fliegen, die im grünen Hause wohnen. Wir belauschen den Specht bei seiner Arbeit und den Singvogel bei seinem Liede, ja selbst beim schwachen Schimmer des Mondes noch das Treiben der Eulen und Nachtschwalben. Dem Waldhuhn folgen wir in sein Versteck und merken auf die Schlange und Eidechse an der Berghalde. Wir begrüßen das Eichhörnchen auf dem Zweige, das Reh im Dickicht und Reineke, den Fuchs, an seiner Höhle. Sie sind alle gute Freunde von uns geworden, und selbst an den schlimmsten unter ihnen fanden wir noch gute Seiten auf. Aber noch manch trauter Gesell lauscht hinter Busch und Dorn und meint vielleicht, wir hätten seiner vergessen. Der Wald ist gar groß und reich an Leben, und ein Buch ist nur klein und hat nicht so viel Blätter, als draußen im Forste sind. Doch Geduld! will's Gott, so wandern wir übers Jahr nochmals ein wenig hinaus, fangen im Frühling hübsch an und hören mit dem Winter erst auf. Dann sprechen wir bei unseren Bekannten draußen wieder vor, sehen uns vorzüglich nach denen um, die noch übrig sind, und betrachten dann noch mancherlei im großen Haushalt der Natur, zu dem es uns jetzt an Raum und Muße gebrach.

Also Gott befohlen, auf Wiedersehen!

Hermann Wagner.

Inhaltsverzeichnis.

Die hierzu gehörenden Buntbilder sind in nachstehender Weise einzuheften:

1.

Der Wald sonst und jetzt.

> Wem Gott will rechte Gunst erweisen,
> Den schickt er in die weite Welt,
> Dem will er seine Wunder weisen
> In Berg und Wald und Strom und Feld.
>
> **Eichendorff.**

Komm mit! Komm mit zum frischen, grünen Wald! Hinweg vom Geräusche der geschäftigen Stadt, von der staubigen Straße, hin zum wonnigen Bergwald!

Grünsamtener Rasen breitet sich als weicher Teppich zum Lager. An der Burgruine winkt ein schattiges Plätzchen, von Efeu umsponnen. Ringsum blühen duftiger Thymian, Bergminze, Nelken und himmelfarbene Glocken. Fleißige Bienen umsummen sie, und buntfarbige Schmetterlinge naschen lüstern vom Honig; goldglänzende Käfer hängen am schwankenden Grasblatt. Vom Gemäuer herab nicken die Birke und der Traubenholunder. Aber dein Blick schweift von der Höhe herunter ins Waldtal, hinaus in die Ferne! Der Königsaar zieht seine majestätischen Kreise über dem Eichenforst. Jenseits ragen Berggipfel, von Tannen gekrönt, und den Horizont säumen vielgestaltige Höhen, von Wolken umlagert!

Siehe, dort rechts in der Nähe, zwischen den starrenden Felsen, stürzt der schäumende Bergbach in prächtigen Fällen zu Tale. Zartgefiederte Farne beschatten ihn. Dort hat die Wasseramsel das verborgene Nest und nimmt im Wellengekräusel ein lustiges Bad. Weiterhin treibt der Bach die Sägemühle — und du hörst in der Ferne sein Brausen! Dann speist er den Schilfsumpf und im Dorfe den fischreichen Weiher. Zwischen Buchen und Erlen hindurch blinkt silbern sein Spiegel.

Linkshin zieht sich die Straße, von Tannen und Vogelbeerbäumen gesäumt. Das Posthorn tönt durch den Wald mit lustigem Schmettern: „Sei, deutscher Wald, mir gegrüßt!" — „Gegrüßt!" antwortet das Echo. Eben rasselt der Wagen hervor zwischen weitästigen Buchen, ein Reh kreuzt scheu seinen Weg. Es führte sein Kälbchen zur saftigen Wiese, dort naschte es lüstern vom süßen Ruchgras und vom würzigen Ampfer und spielte zwischen purpurnem Knabenkraut, goldenem Wohlverleih und breitblätterigem Lattich. Jetzt führt es die sorgsame Mutter zurück zum sicheren Versteck in dem Fichtengebüsch, das, schwarz wie die Nacht, drunten die Schlucht füllt.

Aus der Krone der Buche tönt das Lied der Singdrossel; der Häher dort auf dem Eichenast höhnt sie mit übermütigem Kreischen. Grasmücken und Rotkehlchen, Baumlerchen und Finken und all die kleinen bescheidenen Sänger des Waldes weben aus lieblichen Liedern ein buntes Konzert. Sie singen Waldfrieden und Waldlust!

Muntere Kinder klettern den Bergpfad hinab am Saume der Lichtung. Ihr Weg führt hindurch zwischen blühendem Schneeball und rankendem Geißblatt. Sie tragen Körbchen voll Erdbeeren, saftig und duftend. Von ihren Tritten geschreckt, schwirrt der Buntspecht von Baumstamm zu Baumstamm. Ihr Jubelruf neckt das Eichhörnchen, das neugierig vom Zweige lugt, neckt das Kaninchen, welches im sandigen Hügel seinen Bau hat.

Alles ist Leben, alles ist Freude und Lust.

An der Waldmühle.

Wir wollen aber gemeinschaftlich den Wald nach allen Seiten durchstreifen, wollen dem Quell folgen und den Felsen erklimmen, hineinschauen in die Höhle und das Dickicht durchforschen.

Das stille Reich der Gewächse wird an unserem Blicke vorüberziehen, wir nennen all die Pflanzen und Tiere als unsere Freunde mit Namen. Wir lauschen auf ihr geräuschloses Treiben und pflücken liebliche Sträuße aus Zweigen und Blumen. Die flinke Eidechse und die geschäftige Ameise betrachten wir dann, nachher den Vogel und sein kunstreiches Nest, das Ei und das piepende Junge. Dann siehst du den Hasen im Lager, den Igel im weichen Versteck und den Fuchs in der Höhle, alles Bewohner des Forstes. Vielleicht hast du das meiste von alldem schon beim Lustwandeln gesehen — wohl! — aber wir wollen es miteinander genauer und sorgsamer anschauen! Dein Blick wird sich je mehr und mehr schärfen, je öfter und eingehender du bei den einzelnen Gegenständen verweilst! Du wirst selbst darüber erstaunen, daß du eine ganz neue Welt rings um dich findest, von der du ehedem gar nichts geahnt hast. Du machst Entdeckungsreisen inmitten der Heimat, ohne dich den Gefahren der Fremde auszusetzen!

Und je mehr du den Wald kennst, je länger du traulichen Umgang pflegst mit den lieblichen Blumen, mit den niedlichen Moosen am Stein, mit den altehrwürdigen Bäumen, die noch ungebeugt stehen, obschon Jahrhunderte an ihnen vorübergezogen, je mehr du das ganze Leben im Walde belauschest, wie es sich nach ewig gleichem Gesetz erneuert und, wunderbar ineinander greifend, die Weisheit des unendlichen Meisters verkündet, der dies alles gebaut — desto mehr erscheint dir der Wald als ein hehrer Tempel göttlicher Allmacht, in sich selbst wohlgeordnet, zum Heile aller geschaffen!

Jetzt birgt sich die Sonne hinter den Wipfeln, wie flüssiges Gold durchzittert ihr Lichtstrom das Laubdach. Graue Abendnebel huschen hervor aus der sumpfigen Waldschlucht und ziehen wie Schleier um das steinerne Kreuz, welches dort steht, dicht von Moos und Flechten umsponnen.

Was bedeutet das Kreuz am Fuße des uralten Eichbaumes! Die Jahreszahl, welche es trug, ist verwittert; die Sage, die bei ihm weilte, ward längst schon vergessen — uns aber mahnt es daran, wie ganz anders der Wald in verflossenen Jahrhunderten war, wie anders er dem Menschen entgegentrat, ehe dieser den mächtigen genügend beherrschte!

Vielleicht sank dort ein Unglücklicher zur Nachtzeit in den sumpfigen Grund, bevor der Weg noch gebahnt war. Kein hölzerner Arm wies ihn zurecht, wie heutzutage ein solcher an jedem Kreuzwege errichtet ist. Verschmachtet erlag der Verirrte dem Nachtfrost und der entsetzlichen Furcht; denn in der finsteren Schlucht hatte damals der Bär seine Wohnung, dort hauste der Wolf und huschte beim Einbruch des Dunkels hervor, mit lechzender Zunge gierig nach Beute verlangend.

Wehe dem Kinde, welches dann die Hütte der Eltern verließ!

Im Gezweige der Eiche lagen Luchs und Wildkatze auf der Lauer, und im Sumpfe wühlte das Wildschwein, kam dann lüstern hervor und verwüstete die Felder des Landmanns. Der Wald war ein Schauplatz des Grausens — zur Nachtzeit ein Ort des Entsetzens.

Die Phantasie des geängstigten Menschen formte die Schrecken zu körperlichen Gestalten — das Irrlicht im Sumpfe ward zum tückischen Dämon, die rufende Eule mit feurigen Augen zum wilden Jäger. Waldmännchen und Riesen, Hexen und Zauberer trieben dort ihr teuflisches Wesen. Mancher ging frisch und gesund in den Wald und ward nimmer wieder gesehen! Zigeunerhorden lagen dort im Versteck, Raubgesindel fiel über den Einsamen her, plünderte, mordete ihn, ja hauste schlimmer noch als selbst die Tiere der Wildnis.

Mancher Jägersmann brach auf dem grünen Rasen zusammen, gefällt von der Kugel des Wilddiebes oder des Schmugglers. Dort, wo das Heiligenbild am Stamme der Buche hängt, verschied einst ein Landmann, der es gewagt, sein Eigentum gegen das Wild zu verteidigen: Menschenblut floß zur Sühne für Hirschblut! Dort wimmerten einst ein gemißhandelter Knabe, ein hilfloses Weib — sie hatten Holz gesammelt im Walde und unwissend dabei einen samentragenden Baum etwas beschädigt!

Warum liegt die Burg, an deren Mauern wir ruhen, in Trümmern? Warum ward der stolze Bau des Turmes zerbrochen und dient nun der Eule als Wohnung, die soeben mit leisem Fluge vorbei huscht, um mit den Fledermäusen den Wettflug zu halten?

Die Bewohner der Feste — anfänglich kühne Recken, die im Faustkampf den zottigen Bär würgten, mit dem Speer den wilden Ur fällten und den tückischen Eber — sie wurden später selbst zum Schrecken des Waldes.

Mancher Wanderer liegt dort unten am steinernen Kreuz begraben, den ihr Schwert traf — mancher andere verschmachtete droben im Turme, umsonst auf Gerechtigkeit harrend! Hörst du das melancholische Läuten der Unken, die den aufgehenden Mond begrüßen? — Ähnlich klang einst das Glöckchen des Klosters, das Glöckchen des Einsiedlers, wenn man die Opfer des wilden Waldes zur Ruhe bestattete.

Gottlob! die Schrecken des Waldes verschwanden. — Landfrieden und Waldfrieden zogen ein. Furchtlos wandeln wir beim Scheine des Mondes auf wohlgeebnetem Pfade, der uns nach Hause zurückführt. Harmloses Wild zieht friedlich auf Äsung. Aus dem Tale herauf schallen Tritte heimkehrender Männer, mit den Werkzeugen des Friedens gerüstet. Forstarbeiter sind es. Sie gruben im Waldgrunde, um neue Bäume zu setzen; andere besserten den Wildzaun, der den Hirsch und das lüsterne Reh vom Saatfelde des Landmanns zurückhält.

Lind und mild ist die Luft, und mit magischer Pracht ergießt sich das Silber des Mondlichts über die Waldnacht. „Über allen Wipfeln ist Ruh'!" Nur der Nachtigall Lied tönt tief aufflötend herauf. Sie singt dem brütenden Weibchen vom Frieden des Waldes, und ihr Gesang klingt in unserem Herzen und in unseren Träumen lange noch nach, wenn wir zurückgekehrt sind von der lieblichen Waldfahrt!

1 Rüſter (Ulme). 2 Linde. 3 Eiche. 4 Zitterpappel (Aſpe, Eſpe).
5 Feldahorn (Maßeller, Maßholder).

6 Weißer Ahorn (Bergahorn). 7 Erle. 8 Gemeiner Wegdorn. 9 Birke.
10 Weißdorn. 11 Salweide. 12 Rotbuche.

2.

Der Eichbaum und seine Kameraden.

Ihn heimelt an so innig des Waldes gewölbter Bau,
Die Stämme mit hohen Laubkronen bieten so stolze Schau.
Der Tau blitzt in den Gräsern wie lauter Demantpracht,
Es zieht so heimlich Leben durch die umgrünte Nacht.

Wolfgang Müller.

Grüß' dich Gott, deutscher Eichbaum, du mächtiger Riese des Waldes! Du bist mir ein herrliches Gleichnis echt deutschen kräftigen Wirkens, still und anspruchslos bei der Arbeit und doch mächtig und gewaltig in den Erfolgen, für Jahrhunderte gesichert!

Du sendest deine zahllosen Wurzeln gleich einem Heere fleißiger Arbeiter nach allen Seiten in den Grund. Dort zerteilen sich die starken Stränge, jeder selbst einem unterirdischen Stamme vergleichbar. Sie lösen sich auf in kleinere und immer kleinere Zweige, bis die letzten Teilungen haardünne Fasern bilden, kaum dem bloßen Auge erkennbar. Aber gerade diese unscheinbaren Kleinen, Geringen — sie besorgen die wichtigste Arbeit des Baumes. Sie sind die unentbehrlichen regen

Gesellen, welche mit den feinen Häutchen der äußersten Spitzen, geschützt durch die Wurzelhaube, dem Lande die Feuchtigkeit abringen in unausgesetztem Kampfe. Jedes neue Tröpfchen, das sie erbeuten, bringt dem Baume neue Nahrungsstoffe an Wasser, an Kohlensäure, Ammoniak und Erdsalzen. Die folgenden Zellen nehmen es ihren Genossen ab, verarbeiten es weiter und mischen den Saft des Eichbaumes daraus, aus dem alle Teile des Riesen sich bilden.

Im Stamme geht der Weg der Säfte empor. Dieser mächtige Träger des Baumes ragt gleich einer lebendigen Säule gen Himmel, außen mit rauher Borke gepanzert, innen durch festes Holz gekräftigt. Zwischen beiden steigen die Säfte hinauf und hinab, unserem Auge verborgen, aber in ihren Werken uns sichtbar. Sie bauen nach innen jedes Jahr einen neuen Ring Holz, verdichten das Holz der früheren Jahre und machen es fester. Aus dem weichen Splint wird hartes Kernholz.

Der Stamm wird von Jahr zu Jahr dicker. Die Rinde, sein Kleid, vermag nicht mehr wie früher den Gewaltigen zu umspannen, sie zerreißt und wird zur rauhen, rissigen Borke. Aber zu innerst, unter dem alten morschen Gewand, erzeugt sich jedes Jahr ein neues Kleid, eine neue Schicht Rinde. Der Eichbaum arbeitet nach außen ebenso sorglich wie nach innen. Er schützt die Millionen zarter Zellen, den Sitz seines Lebens, gegen den austrocknenden Wind und den Sonnenstrahl.

Wie viele Zentner Wasser schaffen die Zellen des Stammes eines Eichbaumes im Laufe eines einzigen Jahres hinauf nach den knorrig gebogenen Ästen und vielfach geteilten Zweigen, nach den zahllosen Blättern, die das überflüssige Naß verdunstend den Wolken zurückgeben, von denen es stammte? Wie viele Zentner Kohle nehmen die Blätter in Gestalt der Kohlensäure auf und bauen aus ihr den Riesenleib auf? Wäge die ganze Eiche, und du hast wenigstens auf die letzte Frage eine annähernde Antwort.

Aber kein Teil des Baumes ist müßig. Siehe das Blatt an, welches sich dir grünseiden entgegenstreckt, das mit seinen zahllosen Genossen das schattige Laubdach des Waldes bildet. Es trinkt das goldene Sonnenlicht und den erquickenden Nachttau.

Die Tausende kleiner Spaltöffnungen, welche das Vergrößerungsglas uns auf der Unterseite des Blattes erkennen läßt, hauchen die an Lebensstoff reiche Luft aus, welche den Aufenthalt im grünen Walde für uns so behaglich macht.

Rieseneiche.

Die luftführenden Gefäße durchziehen es gleich einem künstlichen Maschennetz und legen den Grundbau zu seiner zierlichen Form. Wer kennt nicht das Eichenblatt, dessen schön geschweifter, tief ausgebuchteter Rand es sofort von allen anderen Baumblättern des Waldes unterscheidet?

Und zwischen diesem Adergeflecht liegen in mehreren Schichten die winzigen Zellen, in welchen jene Säfte von den Wurzeln bis zum Blatte hinaufsteigen und sich geheimnisvoll mischen mit der Speise, welche das Reich der Luft und das Meer des Lichtes ihnen bieten. Die vorher erwähnten Spaltöffnungen der Blätter atmen zugleich die Kohlensäure aus der umgebenden Luft ein. Mit Hilfe der Blattgrünkügelchen wird unter dem Einfluß des Lichts die Kohle verbunden mit dem herzuströmenden Wurzelsaft. So senden die Blätter die veränderten Stoffe wieder zurück. Am Grunde des Blattstieles steht in der Jugend jederseits ein schmales, häutiges Nebenblatt, das bald abfällt. Im oberen Winkel des Blattstieles bereitet sich die Knospe vor, welche den Trieb für das kommende Jahr birgt. Ihre äußerst zarten Gebilde sind durch feste Schuppen gegen den Frost des Winters gesichert! In den Holzschichten selbst lagert sich Stärkemehl ab, ein reiches Magazin an Vorratsstoffen für künftige Zeiten!

a Staubblüte der Eiche. b Eine einzelne Stempelblüte vergrößert.

Hast du die Blüten des Eichbaumes jemals beschaut? Unansehnlich zwar sind sie und anspruchslos, nicht durch Farbenpracht und Größe bestechend, aber doch wunderbar und für das Leben des Baumes von größter Bedeutung!

Kurz nachdem sich die jungen Triebe im lieblichen Maimond öffnen, quellen neben den hellgrünen weichen Blättchen die Staubblüten als grüne Trauben hervor (s. Tafel Fig. 12 u. 13), so lang wie ein kleiner Finger, nicht stärker als der Kiel einer Feder. Jede dieser Trauben trägt an fadendünnem Stiel ringsum zahlreiche Staubblüten. Beschaue eine solche Staubblüte durch das Vergrößerungsglas, und du erkennst an jeder eine gelbgrüne Blütenhülle aus zart gefransten Blättchen. Andere Blüten tragen deren sechs bis acht. Sie dienen den acht Staubgefäßen als Schutz, welche aus den gelben Beuteln den Blütenstaub ausstreuen. Haben sie diese Arbeit vollbracht, so welken die ganzen Trauben und fallen zur Erde.

Blüten und Fruchtzweige deutscher Laubbäume.

Die warme Mailuft trägt den Blütenstaub zu den Stempelblüten, die auf demselben Baume, meist sogar an demselben Zweige befindlich sind. Sie sind noch unscheinbarer als jene, bilden grünliche Köpfchen, die sich bald zwischen den zarten Nebenblättern und grünen Laubblättern der Triebe verstecken.

Betrachte auch jene Stempelblüte durch das Vergrößerungsglas, denn sie ist nicht größer als der Kopf einer Stecknadel. Der untere, kugelige Teil, aus mehreren winzigen schuppenförmigen Blättchen gebildet, wird später zum Näpfchen der Frucht, das dir wohlbekannt ist; oben schauen drei rötliche Narben hervor. In ihrem unteren Teile liegt der Fruchtknoten, den wir erst dann zu sehen vermögen, wenn wir das kleine Köpfchen zerschneiden — eine ziemlich mühsame Arbeit!

Wie winzig und unansehnlich ist das ganze Gebilde, und doch ist es der Anfang zum riesigen Eichbaum, denn aus ihm bildet sich die Eichel.

Bei der Sommereiche (Quercus pedunculata, s. Tafel Fig. 2) stehen die Eicheln an einem gemeinschaftlichen Stiele, der die Stiele der Blätter an Länge übertrifft; bei der Wintereiche (Quercus sessiliflora, s. Tafel Fig. 1), bleiben die Fruchtstiele kürzer als die Stiele der Blätter. Auch an den Blättern kannst du leicht unsere beiden einheimischen Eichenarten voneinander unterscheiden. Bei der Sommereiche (s. Tafel Fig. 2 und 12) sind die Blätter am Grunde gewöhnlich gelappt und, wenn sie alt sind, auf ihrer Unterseite kahl. Bei der Steineiche (s. Fig. 1 und 13) läuft dagegen der Grund keilförmig aus, und die Unterseite trägt einzelne sternförmig geteilte Haare.

Unsere Forste zählen nur zwei Arten von Eichen, die von manchen Pflanzenkundigen auch nur als Formen einer einzigen Art angesehen werden. Mit den Eichen anderer Länder verglichen, scheinen sie für den ersten Anblick in vielem zurückzustehen; besitzen doch die Wälder Amerikas allein 122 verschiedene Arten. Unsere Eicheln dienen nur den Tieren des Waldes zur Nahrung — die Balloteneiche im Süden Europas, mehrere Eichenarten in Amerika und Asien liefern auch dem Menschen angenehme und nahrhafte Speise. Die Rinde unserer Eiche, besonders der etwa 40jährigen und jüngeren, bietet zwar dem Gerber eine vortreffliche Lohe zum Gerben des Leders; die südeuropäische Korkeiche liefert aber die dicken Schichten des Korkes, der zu so vielfachen Verwendungen sich eignet und sich am Baume stets wieder erzeugt, wenn er abgeschält wird. Die amerikanische Färbereiche liefert dem Färber ihr Holz zum Gelbfärben. Die griechischen Eichen geben die scharlachrot färbenden Kermesschildläuse, ebenso Knoppern und Galläpfel, welche schwarz färben und zur Tintebereitung dienen. Aber keine der anderen Eichen gleicht der deutschen an Festigkeit und Dauer des Holzes. Eichenholz bildet die Roste, auf denen in sumpfigen Gegenden Wohngebäude und Kirchen sicher ruhen; es bildet die Schwellen der Eisenbahnen, es gibt dem Zimmermann feste Planken für das gewaltige Segelschiff, dem Maschinenbauer die riesigen Wellen des Räderwerks.

Die Eiche wächst langsam. Der Holzring, den sie in einem Jahre erzeugt, ist nur dünn, aber sie arbeitet fest und auf die Dauer. Sie erreicht ja ein Alter von vielleicht tausend Jahren und vermag deshalb Stämme zu bilden, die zu den mächtigsten im Gewächsreiche überhaupt gehören. Die große Eiche, welche noch 1857 bei Breslau (Pleischwitz) in Schlesien stand, maß im Umfang mehr als 14 Meter, also $4^2/_3$ Meter im Durchmesser. Sieben Männer hätten sie kaum umspannen mögen. In ihrem Stamme zählte man 700 Jahresringe und fand, daß sie in den letzten 150 Jahren nur noch $^1/_3$ Meter an Dicke zugenommen hatte. Die Eiche wächst nicht in jeder Zeit ihres Lebens gleich rasch, anfänglich schneller, später nur langsam. Nach etwa 200 Jahren hat sie eine Höhe von 30—32 Metern erreicht und wird dann nur unmerklich höher. Vom 40. Jahre an fängt sie an zu blühen und Früchte zu tragen. Ähnliche große alte Eichen findet man mehrfach in den verschiedenen Gegenden unserer Heimat. An ihnen zogen unsere Urahnen mit Speer und Pfeilen bewaffnet vorüber. Unter ihnen brachten sie ihrem höchsten Gott, dem Wodan, feierliche Opfer, denn ihm war der mächtigste Waldbaum geheiligt. In mancher Eiche, welche gefällt wird, findet man Pfeilspitzen eingewachsen, die noch aus den Zeiten der alten Deutschen herrühren. Vielleicht stammt auch aus der urdeutschen Zeit der Gebrauch, den siegreichen Krieger mit Eichenlaub zu schmücken und letzteres auf Münzen und Denkmälern als Ehrenzeichen in ähnlicher Weise abzubilden, wie es die Griechen mit Lorbeer- und Palmenzweigen taten.

Welch ein Wald würde erwachsen, wenn alle Eicheln, die ein einziger Eichbaum in seinem langen Leben hervorbringt, zu jungen Eichen erwüchsen! Jedoch in dem grünen Tempel unseres Laubwaldes sollen auch Säulen anderer Ordnung emporstreben, und Blätter von anderer Gestalt und abweichender Färbung die Schönheit durch reizende Mannigfaltigkeit erhöhen!

Siehe, hier neben der Eiche erhebt sich ein zweiter Riese, die Rotbuche (Waldbuche, Fagus silvatica), die auch bis 32 Meter Höhe erreicht. Sie verrät uns kalkhaltigen Boden. Ihr Stamm hält sich glatt und hellfarbig und schattiert sich bunt durch die aufsitzenden Flechten und Moose. Ihre Äste steigen gleich Strebebogen eines Kirchengewölbes schön geschwungen empor. Das Laubwerk und das feinere Gezweig senkt sich nach allen Seiten in schönen Gruppen gefällig herab.

a Staubblüten, b Stempelblüten der Rotbuche; nebenstehend je eine vergrößert.

Nichts geht über die Pracht des Buchenwaldes im Frühjahr! Nichts übertrifft den zarten Atlasschimmer der Blätter, die aus den geöffneten Knospen rasch hervorquellen und das grelle Sonnenlicht in wohltuender Weise dämpfen und mildern. Jedes Blatt bildet ein gefälliges Langrund mit zartgewimpertem Saume. (S. Tafel Fig. 3, Samenzweig, und Fig. 9, Blütenzweig der Rotbuche.) Es ist in regelmäßigster Weise von gleichlaufenden Nebenadern durchzogen, welche sich von der Mittelrippe links und rechts abzweigen. Ein eigentümlicher Regen säuselt auf dich herab, wenn du im wonnigen Lenz im Buchenwalde lustwandelst: Tausende von Knospenschuppen und bräunlichen, dünnhäutigen Nebenblättchen fallen hernieder. Sie haben ihr Werk vollbracht, das junge Blatt treulich geschützt und gehen nun schlafen!

Zwischen dem wogenden weichen Laub lugen zweierlei Blüten hervor: die Staubblüten als gelblichgrüne Köpfchen an langen hängenden Stielen und die Stempelblüten als kleine kurzstielige Kugeln mit rauhhaariger Außenseite und purpurnen Narben. Aus ihnen werden die dreikantigen Bucheckern, welche zu zwei in der vierteiligen Becherhülle beisammen sitzen. Sie schmecken ölig und süß und geben beim Auspressen das Buchöl. Die **Weißbuche** (Hainbuche Carpinus Betulus, s. Tafel Fig. 7, Fruchtzweig, und Fig. 11, Blütenzweig der Weißbuche) gesellt sich würdig zur Namensschwester. Wenn sie ihr auch in Höhe und Stärke des Stammes nicht gleichkommt, so wetteifert sie doch mit ihr in bezug auf Schönheit des Laubwerkes und übertrifft sie in Festigkeit des Holzes. Der Name, den die beiden Bäume haben, ist von der Farbe ihres Holzes entlehnt. Das Holz der Rotbuche ist rötlich, jenes der Weißbuche weiß. Das Rotbuchenholz wird besonders als Brennholz geschätzt.

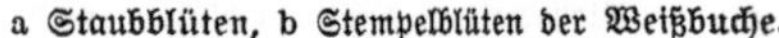
a Staubblüten, b Stempelblüten der Weißbuche.

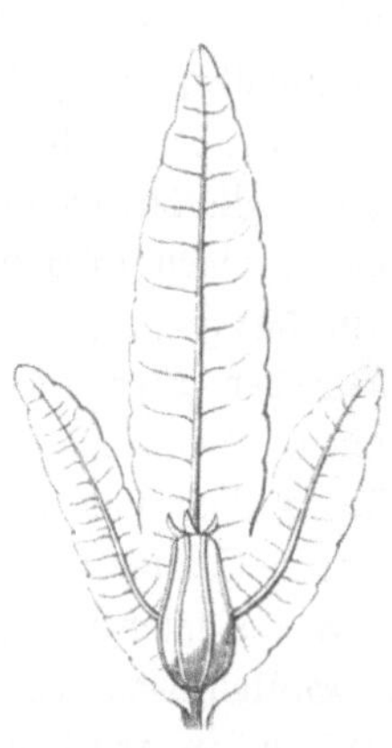
Frucht der Weißbuche.

Das Weißbuchenholz ist den Handwerkern zur Anfertigung ihrer Handwerkszeuge sehr erwünscht. Es ist fest und zähe; nach ihm nennt man den Baum auch Hornbaum. Meistens bestehen die Deichseln und das Räderwerk der Wagen und Mühlen daraus. (S. die Beschreibung des Eichen-, Buchenholzes usw. in „Wohnstube" S. 26.)

Auch die Weißbuche hat zweierlei Blüten. Ihre Staubblüten ähneln jenen der Eichen, nur sind sie größer, und die eiförmigen hellfarbigen Blattgebilde derselben umschließen bis 20 Staubgefäße. Ihre Stempelblüten bilden ebenfalls lockere Ähren mit hinfälligen kleinen Blättchen. In den Achseln der letzteren stehen zwei Blüten.

Riesenbuche in der Holzkoppel.

Jede Stempelblüte hat eine sechslappige Hülle; diese schließt sich später der Frucht eng an, sie verwächst mit ihr, und an der Spitze der reifen Frucht sind dann die sechs Zahnspitzen der Blütenhülle noch sichtbar.

Beim weiteren Wachstum der Frucht vergrößert sich auch das Deckblatt und ähnelt dann einem hellgrünen Flügelgewande.

b Eine einzelne vergrößert. c Stempelblüten. d Eine Stempelblüte vergrößert.

Blutenzweig von Feldahorn.

Das Blatt der Weißbuche (s. Fig. 7 und 11) hat viel Ähnlichkeit mit jenem der Rüster. Es ist länglich-eiförmig und zugespitzt. Sein Rand ist regelmäßig doppelt gesägt. Höchst zierlich erscheint es besonders, wenn es, eben der Knospe entschlüpft, sich noch nicht völlig gebreitet hat. Gleich einem Fächer ist es dann in der Richtung der Seitenadern zusammengefaltet und auf beiden Seiten mit zarten Flaumhaaren bedeckt, die sich später verlieren. — Eichen und Buchen tragen ihre Früchte in kleinen Näpfchen oder Bechern. Sie bilden mit der Hasel und anderen Verwandten die Familie der Näpfchenfrüchtler (Cupuliferen) und geben den Hauptbestand des deutschen Laubwaldes ab. Es kommen Waldungen vor, die nur aus Eichen oder nur aus Buchen bestehen.

Weißer Ahorn.

Die übrigen Laubholzbäume des deutschen Waldes bilden keine besonderen geschlossenen Forsten, sondern kommen nur in Gemeinschaft mit den vorigen im Mischwalde vor. Eine Ausnahme davon macht noch die Birke, welche mit der am Rande des Baches wachsenden Erle verwandt ist. Ihnen schließen sich die Pappeln und Weiden an, welche beide zur Familie der Kätzchenblütler (Amentaceen) gehören. Von den Pappeln nennen wir hier nur eine Art, die Zitterpappel oder Espe (Aspe, Populus tremula): Du kennst ihre Blütenkätzchen, die den hohen Baum bereits am Ende des Winters schmücken, noch ehe das Laub sich entwickelt hat. Aber ich mache dich besonders noch darauf aufmerksam, daß du hier nie auf einem und demselben Baume Staubblüten und Stempelblüten beisammen finden wirst; sie sind stets auf verschiedene Bäume, manchmal weit voneinander, verteilt. Die Blütenkätzchen tragen an einem fadendünnen Mittelstiele ringsum weichhaarige Schuppenblättchen, die bei den Staubblüten zahlreiche Staubgefäße, bei den Stempelblüten die Stempel bedecken. Aus letzteren entstehen kleine Kapseln. Bei der Reife springen diese auf und lassen die Samen auf den Flügeln des Windes dahinziehen in alle Welt.

Die Eiche, Buche, Birke und Erle, bei denen beiderlei Blüten nebeneinander auf demselben Baume befindlich sind, nennt man einhäusig, Weiden und Pappeln dagegen zweihäusig, da hier die verschiedenen Befruchtungswerkzeuge gleichsam zwei verschiedene Häuser bewohnen.

Gar eigentümlich erscheint die Zitterpappel zwischen dunklen Eichen. Schon ihr schlanker, hellgrauer Stamm, dessen glatte, saftreiche Rinde im Winter vom Wilde gern benagt wird, hebt sich auffallend von den dunklen, starken Stämmen ihrer Nachbarn ab; noch mehr aber das Laub.

Das Laub der Eiche ist ziemlich lederartig und hart und hält sich straff an dem kurzen gedrungenen Blattstiel. Nur erst, wenn der Wind sich stärker aufmacht, braust und rauscht es in ernster Weise. Allein selbst wenn du unten im Walde keinen Luftzug bemerkst und die anderen Bäume ringsum regungslos stehen, lispelt und pispert es doch in der Krone der Espe. Die großen, fast kreisrunden, am Rande gezähnelten Blätter der Zitterpappel (s. Tafel Fig. 5, Zweig von der Zitterpappel) hängen an langen dünnen Stielen. Es bedarf nur einer gelinden Bewegung der Luft, wie sie schon der erwärmende Sonnenstrahl hervorruft — und sie schwanken und wanken alle nach links und rechts, sie reiben sich aneinander und wispern dann, als hätten sie sich wunderviel zu erzählen! — Schönere Blüten und noch reizendere Blätter bietet im gemischten Laubwald das herrliche Geschlecht der Ahorne, welches in drei Arten bei uns auftritt. Der Feldahorn (Acer campestris, Maßholder, Maßeller) trägt die kleinsten Blätter von ihnen. Jedes ist tief drei- bis fünflappig, jede Abteilung wieder dreizähnig. Der Spitzahorn (s. Tafel Fig. 4, Fruchtzweig, und Fig. 14, Blütenzweig) hat seine zarten, großen und hellgrünen Blätter fünf- bis siebenlappig geteilt, die einzelnen Abteilungen buchtig ausgeschweift und scharf gespitzt. Bei der dritten Art, dem weißen Ahorn (Acer pseudoplatanus, Fig. 6 u. 10), sind die handförmig fünflappigen Blätter ungleich gekerbt, weniger scharfspitzig und sofort durch die weißliche, meergrüne Färbung der Unterseite erkennbar.

Die Blütentrauben sind beim Spitzahorn am größten und auffallendsten, von gelber Farbe. Die einzelnen Blüten sind groß im Vergleich zu den bereits betrachteten Baumblüten. Jede enthält fünf Kelchblätter und fünf Blütenblätter, beide ziemlich von gleicher Farbe und Form. Selten sind in derselben Blüte Staubgefäße und Stempel beisammen; meistens enthalten die einen nur Staubgefäße, gewöhnlich acht an der Zahl, die anderen besitzen nur Stempel, und zwar jedesmal zwei. Aus diesen werden die geflügelten Früchte.

So gering das Holz der Zitterpappel geschätzt wird, so hoch steht dasjenige der Ahornarten in Ansehen. Beim Feldahorn wird es im Alter braun und geflammt und gern vom Drechsler verarbeitet. Ebenso liefert es zähe, biegsame Peitschenstiele und Pfeifenrohre. Das Holz des weißen Ahorns ist sehr hart und zähe, dabei elastisch, weiß von Farbe und vortrefflich zu künstlichen Drechslerarbeiten geeignet. Beim Spitzahorn ist es grobfaseriger und deshalb etwas weniger geschätzt.

Die Ulmen, Eschen, andere Pappelarten, sowie alle jene Waldbäume, welche, wie die Eberesche und Waldbirne, in ihrem Blütenbau den Rosen ähneln, versparen wir uns auf unsere künftigen Ausgänge. Für heute begnügen wir uns damit, die Eichen, Buchen, Ahorne und Espen kennen gelernt zu haben. Wir haben erkannt, daß jeder Waldbaum ein lebendiges Wesen ist, in seiner Weise fleißig und tätig, das wir deshalb nicht mutwillig verletzen und zerstören dürfen. Jeder Waldbaum wird uns zu einem Fingerzeig, der uns auf den großen Baumeister hinweist, welcher den Wald zu seinem lebendigen Tempel geschaffen hat.

3.
Das Eichhörnchen und andere Nußknacker.

Heisa, wer tanzt mit mir?
Lustig und munter!
Kopfüber, kopfunter
Mit Manier!

Ich bin ein Mann,
Der tanzen kann.
Hänschen Eichhorn heiß' ich,
Was ich gelernt hab', weiß ich.

Hoffmann v. Fallersleben.

Der Wald ist eine große reichgedeckte Tafel, dort gibt's gar mancherlei Schmaus: „Herz, was willst du? Mund, was begehrst du?" Jeder findet etwas nach seinem Geschmack. Blätter sind genug da für die Raupen, Beeren für die Vögel, und zum Nachtisch kommen die Nüsse. Nach ihnen ist bei den Eichhörnchen und Mäusen starke Nachfrage. Es gibt im Walde vielerlei Nußknacker, zweibeinige und vierbeinige, allein jeder knackt nur für sich. Es ist auch gerade genug zu tun damit, wenn die Nüsse einzeln gesucht werden müssen und den Hunger für alle Mahlzeiten stillen sollen.

Die Haselnüsse wachsen auf schlanken Büschen, Bucheckern und Eicheln auf hohen Bäumen; deshalb gilt es, tüchtig zu klettern, um sie herabzuholen. Es gibt aber auch keinen geschickteren Turner als das Eichhorn. Was ist es für ein unterhaltendes Schauspiel, dem kleinen Gesellen droben bei seinen Sprüngen und Seiltänzerkünsten zuzusehen, wie er hinauf und hinab springt, links herum schwenkt, dann wieder rechts, ohne zu fallen. Das lustige Eichhorn mit dem allerliebsten Buschschwanz und dem fuchsroten Pelzrock ist das Äffchen unseres heimatlichen Waldes. Es ist eine hochgeborene und hochstehende Person, denn droben im Wipfel der alten Eiche ist das weiche sichere Nest, in welchem es zur Welt kam. Dort ward es mit einem halben Dutzend seiner Geschwister von seiner Mutter gepflegt; der Wind sang ihm das Wiegenlied. Das Nest war ringsum aus feinen Reisern geflochten, oben regendicht überwölbt, innen mit Grashälmchen und Moos ausgefüttert, weich und warm wie ein Bett. Zwischen den Zweigen saß es so fest, daß kein Sturm es herabwarf.

Das Eichhörnchen war erst wenige Tage alt und hatte eben zum erstenmal neugierig zur Tür des Nestchens hinausgeschaut, als es von unten herauf das Rufen mutwilliger Knaben hörte. Letztere versuchten auf den Eichbaum zu klimmen. Sie hatten das Eichhörnchennest mit den Jungen entdeckt und wollten dieselben fangen. Zwar gelangten sie diesmal nicht bis zum Wipfel, der Baum war ihnen doch etwas zu hoch; das alte Eichhörnchen traute aber dem Dinge nicht mehr, sondern meinte, die Bürschchen möchten wohl wiederkommen und etwa Kameraden mitbringen, welche das Klettern besser verstünden. Es wählte daher Nummer Sicher und wanderte aus. Es hatte mehrere Nester an verschiedenen Stellen des Waldes. Das alte Eichhorn faßte ein Junges nach dem anderen mit den Zähnen am Pelzkragen im Genick, ohne ihm weh zu tun, und sprang behutsam von einem Ast zum andern, bis es das entlegene Versteck erreichte.

Das war des jungen Eichhörnchens erste Reise durch die Wipfel der Bäume. Bald ward es größer, und dann turnte es den lieben langen Tag in einem fort, kletterte jetzt den glatten Stamm flink hinauf, schwang sich dann auf den Ast und lief schnell wie der Wind auf ihm entlang bis ins grüne Gezweig. Hier schaukelte sich's wie auf einem Schwungbrett, und „Hops" ging der kühne Satz hinüber zum Nachbarbaume.

Jetzt kommen die Knaben richtig wieder und meinen, sie würden es fassen, denn der Baum, auf den es geklettert, steht einsam auf einer Lichtung. Sie klimmen von allen Seiten empor und versperren ihm die Flucht. So kann es, denken sie, nirgendwo hin als nach dem Wipfel, dort muß sich's gefangen geben. Sie wollen ein Tuch darüber werfen, damit es nicht beiße, und werden schon uneins darum, wem es gehören soll. Das Eichhorn kennt aber den Wald besser als die Knaben und versteht alle Wege auf den Baumzweigen. Es steigt nicht zur Spitze hinauf, sondern an dem schräg hängenden Äste entlang. Jetzt tut's einen weiten Satz in die Tiefe, wie Ritter Harras, der kühne Springer. Beine und Schwanz breitet es aus, so daß sie als Fallschirm dienen, und ohne Schaden kommt es unten am Boden an. Seine Verfolger haben noch kaum Zeit gehabt, umzuschauen, wo es hingeriet, da läuft's schon über den kahlen Plan nach dem Walddickicht. Jetzt hat's die alte Buche erreicht, jetzt schaut's schon vom ersten Äste herab, jetzt vom zweiten — Glück auf, ihr Kletterer; eilt euch, wenn ihr es einholen wollt!

Im Herbst, wenn die Haselnüsse, Eicheln und Bucheckern reif sind, hat das Eichhorn gute Zeit, es feiert alle Tage Erntefest. An seinen Vorderpfoten hat es zwar keinen Daumen, sondern an der Stelle, wo ein solcher sitzen sollte, nur eine Warze, trotzdem greift's mit ihnen zu wie mit Händen, hält sich am schwankenden dünnen Haselzweige fest und holt die Nuß aus den Hüllen. Nachher sitzt es auf dem Ast, die Ohren wie Hörnchen gespitzt, den Schwanz hoch über den Rücken gekrümmt. So hält es die Nuß mit den Vorderpfoten und spaltet sie mit scharfem Biß geschickt in zwei Hälften. Findest du Nußschalen im Walde, so kannst du auch bald erkennen, wer der Nußknacker gewesen ist; die Mäuse fressen nur ein Loch in dieselbe, das Eichhörnchen halbiert sie. Eckzähne hat das Eichhörnchen nicht, dagegen oben und unten zwei sehr kräftige Schneidezähne, die scharf wie Meißel aufeinander passen. Mit diesen zerbeißt es die festen Nußschalen und schält die Schuppen der Tannen- und Fichtenzapfen ab, um die kleinen Samen hervorzuziehen. Die Zähne wachsen fortwährend nach, das Tierchen fühlt daher auch Bedürfnis, Hartes zu beißen, um sie abzunutzen. Ist es im Käfig eingesperrt und wird nur mit weichen Nahrungsmitteln gefüttert, so versucht es das Holzwerk zu benagen, und wenn es daran verhindert ist, wachsen ihm die Nagezähne so lang, daß die Backzähne nicht mehr aufeinander passen.

Hat das Eichkätzchen viel Speise, so sorgt's auch für die Zukunft. Es trägt ganze Haufen von Nüssen in das Baumloch oder unter das Wurzelwerk, andere versteckt es in die Ritzen der Baumrinde. Kommt dann die schlimmere Zeit, daß im Walde nicht viel mehr zu haben ist, so sucht es die Vorräte auf und speist von seinem Ersparten.

Große Haselmäuse und ihr Nest.

Ist das Wetter zu schlecht, so verstopft das Eichhörnchen die Tür seines Nestes, rollt sich zusammen und schläft oder liegt wenigstens still. Es kommt dann wohl mehrere Tage lang nicht zum Vorscheine; scheint die Sonne wieder, so macht es selbst mitten im Winter eine Turnfahrt. Wenn dann die Bäume ohne Laub stehen, hat es sich aber auch am meisten vor seinen Feinden zu hüten. Bei Tag droht ihm der Bussard, bei Nacht die Eule. Sein schlimmster Verfolger ist der Baummarder, welcher mindestens ebenso flink klettert wie es selbst. Das Eichhörnchen sucht sich dann gewöhnlich dadurch zu retten, daß es blitzschnell rings um den Stamm läuft.

Im Frühlinge, gerade wenn die meisten anderen Waldtiere Überfluß an Speise haben, findet das Eichkätzchen nur wenig für sich. Es muß sich dann mit Nadelholzsamen, mit Knospen und Rinde begnügen. Vielleicht ist die Not dann auch schuld, daß das sonst so harmlose lustige Tierchen zum blutgierigen Räuber wird. Es spürt in dem Gezweige nach den Nestern der Vögel, verzehrt die Eier, welche es in denselben entdeckt, die piependen Jungen, ja wie eine Katze springt es selbst nach der singenden alten Drossel, würgt und verspeist sie. Traue ihm ja nicht zu viel, seine Zähne beißen scharf, und dein Finger ist nicht so hart wie die Schale einer Nuß! Ganz jung eingefangen, wird das muntere Tierchen dagegen ganz zutraulich und zahm und ergötzt dich, wenn du ihm einen großen Kasten mit Springhölzern zur Wohnung angewiesen hast, mit lustigen Sprüngen und seinem drolligen Wesen ohne Unterlaß.

Das Eichhörnchen hat im nußreichen Walde noch mancherlei Vettern und Verwandte, die jedoch nicht so offen ihr Wesen treiben und sich nicht so leicht von jedem belauschen lassen. Wir begleiten einen tierkundigen Freund auf seinem Ausgange nach dem Nußberge. Er kennt genau alle Schlupfwinkel und Gewohnheiten seiner Lieblinge. Hinter einem großen Felsblocke liegen wir still auf der Lauer und schauen zwischen dem Gezweige der Haselbüsche hindurch. Wir vermeiden jedes Geräusch und jede Bewegung. Sieh, da kommt etwas aus dem Grasbusch unten am Haselstrauch hervor und springt auf den Zweig. Es ist ein ockergelbes Tierchen, ganz einem Eichhörnchen ähnlich, nur viel kleiner als dieses. Sein Leib ist etwa so lang wie ein Finger, der Schwanz ziemlich von gleicher Länge, zeitweilig buschig behaart, wie beim Eichhorn. Es ist eine Haselmaus (Myoxus avellanarius), ein niedliches Mittelding zwischen Eichhorn und Maus.

Sieh, wie sie ganz nach Eichhornart auf dem Aste sitzt, das Schwänzchen empor gehoben. Sie hält eine Nuß mit den Vorderpfoten und nagt ein Loch in die Schale. Dann hüpft die Haselmaus flink hinab auf den Boden und jagt sich mit ihren Gespielen so schnell zwischen Laub und Kräutern herum, wie die Waldmäuse es tun. Jetzt geht's wieder einen Haselstrauch hinauf, der besonders dicht verwachsen ist. Dort siehst du ungefähr einen Meter über dem Boden ein halbkugeliges Nest aus Grashalmen und Moos, oben mit einem schmalen Eingangsloch. Das ist der Sommerpalast der Haselmaus. Dort pflegt sie ihre Jungen, deren sie gewöhnlich vier hat; dort verbirgt sie sich zur Nachtzeit und bei unfreundlichem Wetter. Im Herbst aber sucht sie ein Versteck unter den Wurzeln der Sträucher auf, auch wohl ein Felsenloch, das hinreichend trocken und vor dem Winde geschützt ist. Dorthin schleppt sie Nüsse und Eicheln und legt sich schließlich selbst mit dazu, rollt sich zusammen wie eine Pelzkugel und schläft wie ihre Vettern: das Murmeltier und der Siebenschläfer. Treten im Winter schöne Tage ein mit milder Witterung und warmer Sonne, so wird auch die Haselmaus munter, unternimmt einen kleinen Spaziergang, frißt ein wenig Nußkern oder einige Weizenkörner und schläft dann abermals weiter, bis zum Frühjahr die gute Zeit angeht.

Unser Freund teilt uns mit, daß hier im Haselbuschwalde auch ein Pärchen der großen Haselmaus (Myoxus nitela) seine Wohnung habe, das er aber nicht stören möge, da sie sehr scheue Tiere seien. Er meint, wir würden sie auch nur selten zu sehen bekommen, da sie außerordentlich aufmerksam auf jedes Geräusch achteten und dann sich versteckten. Es ist dasselbe Tier, welches man unter dem Namen Gartenschläfer kennt und das wegen seiner Diebereien am Obst dem Gärtner bitter verhaßt ist. An geschützter Stelle baut sich's in den Baumzweigen ein kugeliges Nest, klettert flink wie ein Eichhorn und läuft sogar pfeilgeschwind an einer rauhen Wand hinauf. Gern quartiert sich's auch in leere Nester der Eichhörnchen und Vögel ein und verschläft den Winter. Bei Tage wird es uns selten glücken, eine Haselmaus im Walde zu belauschen. Solange die Sonne leuchtet, schlafen beide Arten gewöhnlich in ihren dunklen Verstecken. Erst mit Beginn der Dämmerung kommen sie hervor und ersetzen während der Nacht im Gezweige der Büsche und Bäume das Eichhorn.

Eichhörnchen und Haselmäuse sind selten in so großer Zahl im Walde vorhanden, daß sie Schaden anrichten; anders ist es dagegen in dieser Beziehung bei den echten Mäusen, von denen mehrere Arten den Wald als Lieblingswohnplatz sich aussuchen.

Die eigentliche Waldmaus (Mus silvaticus), oben braun und unten weiß gefärbt, vermehrt sich dann, wenn mehrere trockene, warme Jahre aufeinander gefolgt sind, zu außerordentlichen Mengen. Dann reicht die gewöhnliche Speise nicht mehr aus; Nüsse und andere Baumsamen sind aufgezehrt, es werden die kleineren Wurzeln benagt, die Knospen und die Rinde junger Bäumchen abgerissen und diese zerstört. Dabei werden zwar auch manche Puppen und Larven von schädlichen Blattwespen und Forstschmetterlingen vernichtet, allein auch die brütenden Singvögel samt Eiern und Jungen bedroht und dem Walde in jeder Beziehung übel mitgespielt. Schließlich wandern ganze Heere von Waldmäusen wegen Mangel an Futter aus und durchsuchen die Felder, dringen in die Gehöfte ein und lassen sich selbst in unseren Wohnungen nieder.

Die Waldmaus baut ihre Höhle in der Erde und füttert sie weich mit Moos aus. Zwei senkrechte Röhren dienen dem Tierchen zum schnellen Einfahren, ein schräg aufsteigender Gang macht ein bequemes Hinausgehen möglich. In ähnlicher Weise macht sich's die Waldwühlmaus (Arvicola glareolus) im Forste bequem, und an den Waldrändern siedelt sich die Erdmaus (Arvicola agrestis) gern an.

Gemeine Waldmaus.

4.

Die Waldblumen.

An Blumen freut sich mein Gemüte
Und ihren Rätseln lausch' ich gern,
Die uns so nah mit Duft und Blüte
Und durch ihr Schweigen doch so fern.
Lenau.

Es wächst ein Blümchen im Walde am Bergesrande, das nennt man „Kräutchen rühr' mich nicht an!"

Warum hat man ihm solchen sonderbaren Namen gegeben?

Wenn seine Fruchtkapseln reif sind und du rührst nur leise daran, so schnellen sie auseinander, rollen sich zusammen und schleudern dabei die hellbraunen Samenkörner nach allen Seiten davon. Es sieht fast aus, als hätte das Gewächs es übel genommen, daß man es angegriffen. Es ist aber seine Art so und es würde das gleiche Manöver mit Schieß-übungen auch ohne dich vorgenommen haben, wenn auch vielleicht erst ein paar Tage später. Dasselbe Pflänzchen, welches die Kinder „Kräutchen, rühr' mich nicht an!" nennen, bezeichnen die Pflanzenforscher mit dem

Namen „Springkraut" oder „wilde Balsamine" (Impatiens Nolitangere). Es ist nahe verwandt mit der Balsamine, welche wir im Garten und in den Blumentöpfen zu ziehen pflegen, und hat einen ebenso weichsaftigen, fast durchsichtigen Stengel und fast ebenso niedlich gebaute Blüten wie jene. Die Blumen sehen hellgelb aus und tragen einen Sporn, der an der Spitze zurückgebogen ist (s. Abb. Fig. a). Ließe die Balsamine, von welcher wildwachsend nur eine einzelne Art vorkommt, ihre Samen gerade herunterfallen, so würden sie dicht nebeneinander liegen und beim Aufgehen sich gegenseitig ersticken; so aber werden sie auseinander gestreut, obschon auch hierbei mancher zugrunde geht. Es sind alle Jahre an jenen feuchten, schattigen Stellen vollständig genug Balsaminen vorhanden. Es braucht ja auch von den vielen Samen einer solchen einjährigen Pflanze nur ein einziger zu gedeihen, damit wieder ebenso viele da sind wie im vorigen Jahre.

Wilde Balsamine.
a Blüte, b reife Fruchtkapsel, c dieselbe aufgesprungen.

Viele Pflanzen lassen sich beim Aussäen ihrer Samen von anderen guten Freunden ein wenig mithelfen. Manches Kräutlein bietet dem Reh und dem Hasen seine Blätter zum Salat, dabei hängt es aber seine Samen mit Haken und Stacheln an den rauhen Pelz seines Gastes und benutzt ihn als Fuhrwerk oder Reitpferd, auf welchem seine Kinder in alle Welt reisen. Anderen muß der Wind, dieser Allerweltsfreund, den gleichen Gefallen tun; wieder anderen das Wasser, und wenn du durch den Wald gehst, wirst du oft genug Samen von Vergißmeinnicht, von der wilden Möhre, von Weidenröschen und anderen an deinen Kleidern hängen finden. Du hast den Boten der Waldkräuter machen müssen, ohne daß du es gewußt hast.

Es ist dir bekannt, daß eine Blume keinen Samen tragen kann, wenn nicht der Blütenstaub auf die Narbe des Stempels gelangt. Manche Pflanzen besorgen das wichtige Geschäft von selbst, viele andere lassen sich aber auch hierbei helfen. In der ganzen Natur ist es wie in einer Familie, die aus lauter fleißigen Leuten besteht. Der Vater verdient mit seiner Arbeit Speise und Kleidung für die Kinder, die Mutter macht beides zurecht und die Kinder suchen nach Kräften auch etwas zu tun; das Kleinste bringt dem Vater wenigstens den Stiefelknecht, wenn er von der Arbeit abends nach Hause kommt. So arbeiten auch die Gewächse nicht bloß für sich, sondern gleichzeitig für die Tiere, und die letzteren tun jenen wieder mancherlei Dienste.

Osterluzei.

Wir finden gerade hier am feuchten Waldboden eine interessante Pflanze, die Osterluzei (Aristolochia Clematitis), welche uns für jenes gegenseitige Aushelfen ein auffallendes Beispiel gewährt. Ihre Blüten haben oben eine trichterförmige Röhre, die nach unten in eine kleine Öffnung sich verengt; durch diese geht es hinein in den unteren, kugeligen Teil der Blume. In dem letzteren sind die Staubgefäße und Stempel. Die Staubgefäße öffnen sich jedoch erst, nachdem die Narben des Stempels bereits verwelkt sind. Die Befruchtung der letzteren muß deshalb durch Blütenstaub aus einer älteren Blüte geschehen. Jenes verborgene Kämmerchen erscheint mehreren Arten sehr kleiner Mücken als erwünschter Schlupfwinkel. Sie marschieren keck in die anfänglich senkrecht stehende Röhre der Blüte hinein. Rings um die kleine Öffnung, welche die Tür nach dem Innern der Blüte bildet, stehen steife Haare, mit den Spitzen nach dem Innern gerichtet, gerade wie die Rutenspitzen einer Fischreuse. Die Mücken schieben dieselben beim Hineinkriechen leicht auseinander und gelangen ins verborgene Gemach, aus dem sie aber nicht hinauskönnen, weil ihnen die spitzen Haare nun entgegengerichtet sind. Nun flattern die Tierchen in ihrem finsteren Behälter hin und her und bringen bei diesem Tanz den von anderen Blüten mitgebrachten Blütenstaub auf die Narben. Sowie diese befruchtet sind, werden die Säfte der Blume zum Wachstum der Samen verwendet; die Blütenröhre senkt sich, und die Haare, welche die Tür verschließen, erschlaffen. Sie gestatten jetzt den Tieren freien Ausgang. Zugleich öffnen sich jetzt auch die Staubbeutel, und ihr Inhalt überpudert die entfliehenden Mücken, welche denselben nun zu anderen jüngeren Blüten tragen.

Aber auch untereinander leisten sich die Gewächse des Waldes vielfache Dienste. Du weißt, wie langsam die meisten Bäume in ihrer Jugend wachsen und wie empfindlich sie während jener Zeit fast alle gegen den hellen Sonnenschein sind. Dann spielen die Kräuter die Rolle der Kinderwärterinnen. Sie wachsen im Frühjahr schon in einigen Wochen ziemlich hoch auf und breiten während des heißen Sommers die Blätter gleich Decken und Sonnenschirmen über die empfindlichen Kleinen. Anderseits werden aber auch manche Blumen ausschließlich von den Bäumen und Sträuchern in einer Weise verpflegt und versorgt, als seien sie deren Kindlein und Kostgänger. Auf den Wurzeln des Haselstrauches siedelt sich die sonderbare Haselwurz an. Sie heftet ihre fleischigen Wurzelgebilde dicht an sie und entnimmt ihnen den Nahrungssaft, welche jene dem Waldboden abgerungen und von der vorjährigen Arbeit der Blätter als erspartes Kapital dort aufgesammelt haben. Schon im ersten Frühjahr, ehe sich noch die Blätter des Strauches entfaltet, sprossen die fleischroten, saftigen Stengel der Haselwurz, dicht mit Blüten besetzt, zwischen dem braunen Laube am Boden hervor. Später im Jahre sprießen am Waldboden in ähnlicher Weise der hellgelbe Fichtenspargel und die bräunliche Vogelnestwurz; beide machen sich ebenfalls durch das Fehlen jeglichen grünen Blattes als Schmarotzer kenntlich. Doch leben sie nicht auf blühenden Pflanzen, sondern auf Pilzen.

Die Waldblumen schmücken den Wald mit Blumenpracht, welche den meisten Bäumen bei uns fehlt. Sie bringen reizende Abwechslung in das gleichförmige Grün und putzen den Wald auf, als hätten alle Vögel großes Hochzeitsfest oder Geburtstag. Da blühen weiße Maiglöckchen, Siegelblumen (s. Figur 8), Sternkräuter und Silenen, Dolden- und Korbblütler, purpurne Weidenröschen (Fig. 3) und Pechnelken, Knabenkräuter und Walderbsen, himmelblaue Enzianen und Akelei (Fig. 4), Glocken, Polygalen (Fig. 7) und Vergißmeinnicht, Veilchen und Sinngrün, goldgelbe Kreuzkräuter und Hahnenfußarten, Goldnessel (Fig. 9), Sonnenröschen (Fig. 6), Himmelsgerste und Goldstern. Andere sind bunt und gefleckt, wie der Hohlzahn und Augentrost; noch andere haben auch ihre Hochblätter gefärbt, wie der Wachtelweizen, welcher blaue Blätter neben goldgelben Blüten trägt. In zierlichster Weise mischen sich zartgefiederte Farnkräuter und feine Gräser dazwischen, so das nickende Perlgras (Fig. 10), das Flattergras und das Zittergras, und am Waldboden bilden zahlreiche Moosarten einen samtenen Teppich von vielfach schattiertem Grün. Es würde eine lange Liste ergeben, wollten wir alle Waldblumen aufzählen, und manchen Sommer möchte es uns beschäftigen, ehe wir sie auch genauer in ihrem Bau untersuchten und in ihrer Lebensweise beobachteten.

Die Kräuter des Waldes sind vortreffliche Maler, die ihre Blumen in den verschiedensten prächtigen Farben auszuführen verstehen.

Manche derselben wechseln sogar in der Färbung. So sind die jungen Blüten des Lungenkrautes rot und werden beim Aufblühen blau, bei einer Vergißmeinnichtart (Myosotis versicolor) sind sie anfangs gelb, dann werden sie rosa und zuletzt blau. Aber die meisten derselben sind auch zugleich vorzügliche Rechenmeister, die sich selten verzählen. Es wird dir viel Vergnügen verursachen, wenn du darauf achtest, welche Zahl sich jedes Pflänzchen zur Lieblingsziffer auserkoren hat und sie vorzugsweise in den Blütenteilen, mitunter aber auch in den Blättern, zur Schau trägt.

So keimen alle Gräser und Lilien mit nur einem Keimblatt, die meisten anderen Kräuter mit zweien. Ehrenpreis und Hexenkraut zeigen in den Blüten stets zwei oder zweimal zwei Blätter und Staubgefäße, auch zweiteilige Früchte. Die Gräser und der Baldrian (Fig. 1) haben meistens drei Staubgefäße. Bei der Einbeere, dem Labkraut und Waldmeister (Fig. 5), sowie bei den sogenannten Kreuzblumen treten vier auf. Sehr viele zeigen fünf, so alle Dolden, die Glocken, Vergißmeinnicht, Schlüsselblumen und andere. Sechs findest du bei der Türkenbundlilie (Fig. 2), den Goldsternen und Maiblumen; sieben bei dem Pfingströschen (Trientalis), acht beim Weidenröschen (Fig. 3), neun kommen nur bei einer Wasserpflanze, der Sumpflilie oder dem Wasserliesch (Butomus umbellatus) vor. Zehn zeigen die Nelken, und bei vielen anderen steigen besonders die Zahlen in den Staubgefäßen noch viel höher, so bei den Hahnenfußgewächsen (Akelei, Fig. 4), dem Sonnenröschen (Fig. 6) und den Verwandten der Rose: den Fingerkräutern, Brombeeren, Erdbeeren und anderen.

Manche großblätterige Kräuter und dichten Rasen bildende Gräser wachsen freilich so rasch und so üppig, daß sie selbst junge Bäume ersticken, wenn letztere sich nicht, wie die Eschen, bald über das niedere Volk erheben. Sind die Bäume erst hinreichend erstarkt und breiten ihre Äste zu einem dichteren Schattendach, so rächen sie den Tod ihrer Kameraden. Diejenigen Kräuter, welche viel Licht und warmen Sonnenschein brauchen, um zu keimen und Blüten zu treiben, verkümmern dann. Ihre Samen müssen sich anderswo ein passendes Plätzchen suchen, das mehr Licht hat. Der Blumensame vom Weidenröschen, welcher sich mit seinem leichten Federkleide vom Winde durch den Wald tragen läßt, treibt's wie die Kinder beim Spielen. Er muß hier und da fragen: „Ist ein Kämmerchen noch zu vermieten?" bis er endlich ein Stückchen Waldboden noch leer findet.

Von manchen Kräutern können die Samenkörner lange Jahre im Waldboden ruhen, ohne die Keimkraft zu verlieren.

Im Buchenhochwald und im dichten Nadelholzforste findest du nur wenig kleinere Gewächse, welche gerade den Schatten und die feuchte Luft solcher Waldungen lieben. Es sind Schattenpflanzen. Unter den dichten Lagen der abgefallenen Blätter und unter den nur langsam verwesenden Nadeln schlafen aber zahllose Samenkörner, die mehr Wärme brauchen, ehe sie zum Keimen erwachen. Dort ruhen auch zahlreiche Wurzelstöcke mit lebensfähigen Keimen. Kommt nun der Förster mit den Holzknechten und schlägt den Hochwald nieder, so geht die gute Zeit für die Langschläfer an. Die Sonne weckt sie, sie sprossen rasch auf, und nach wenig Wochen schon grünt und blüht es auf der

Waldblumen.

1 Baldrian. 2 Türkenbund. 3 Weidenröschen. 4 Akelei. 5 Waldmeister. 6 Sonnenröschen. 7 Polygale. 8 Siegelblume. 9 Goldnessel. 10 Perlgras.

Waldblöße, als hätte ein Sämann verstohlenerweise hier Blumensamen gestreut. Kräuter und Bäume spielen Krieg im Walde, wie es die Kinder tun. „Der Berg ist mein!" sagen jetzt die Kräuter, bis nach einigen Jahren die Bäume wieder die Herren werden.

Auch untereinander treiben es die Bäume in ähnlicher Weise. Mancher Bergzug, der jetzt Nadelwald trägt, war ehedem mit Laubholz bestanden; auf einem anderen fand der Wechsel in umgekehrter Folge statt. Wie der Landmann auf dem Felde mit den Früchten wechselt, weil der Boden nicht dieselbe Pflanzenart längere Jahre hintereinander ernähren kann, so geschieht es im Walde in längerem Zeitraume ohne das Zutun des Menschen. Oft tragen die Insekten ein gutes Teil mit dazu bei.

Mehrere unserer Waldkräuter erfreuen das Kind nicht bloß durch ihre lieblichen Blüten, sondern auch durch die Früchte, welche aus jenen erwachsen. Aus den reizenden milchweißen Blumen der Erdbeerstauden entstehen die scharlachroten Erdbeeren, welche ebenso wunderherrlich schmecken, wie sie duften. Die winzig kleinen Samenkörnchen, die auf ihrer Oberfläche als dunkle harte Pünktchen sitzen, sind zudem eines der auffallendsten Beispiele von langjährig andauernder Keimkraft. Auf Stellen, an denen der Wald durch Wegschlagen gelichtet ward, kommen häufig junge Erdbeerpflänzchen in Menge zum Vorschein, sie sind erwachsen aus Samen, welcher seit langen Jahren dort schlummerte. Noch häufiger finden sich in vielen Waldungen schwarzblaue Heidelbeeren und rote Preißelbeeren. Sobald sie reifen, ziehen Frauen und Kinder in ganzen Scharen hinaus und sammeln davon Körbe voll. Manch armes Kind des Gebirgsdorfes verdient sich ein warmes Winterröckchen damit, denn die Bewohner der Städte kaufen die Beeren zu guten Preisen. Auch die Waldvöglein finden ihren Tisch hierbei reichlich gedeckt und tragen ihrerseits wieder viel dazu bei, die Heidelbeerpflanzen an Stellen auszusäen, wo bisher noch keine wuchsen.

Du siehst schon aus dem, was wir bei einem einzigen Ausgang beobachten konnten, daß der ganze Wald eine große Familie ist, in der eines das andere braucht, daß hier ebenfalls unaufhörlich Wechsel herrscht, durchaus kein Stillstand, und daß eben dieses fortwährende Verändern das fröhliche Gedeihen des Ganzen zur Folge hat.

5.

Das Reh.

Wer ist's, der mich fangen kann?
Tausend Hund' und hundert Mann,
Gleich will ich's mit ihnen wagen,
Soll mich keiner doch erjagen.
Und der Graf auf seinem Schloß
Hat im ganzen Stall kein Roß
Und auch keinen Reitersknecht,
Der mir nachgaloppen möcht'!

Fr. Güll.

Bei unseren Entdeckungsreisen im Walde haben wir schon vielfach Spuren von dem Dasein der allerliebsten Rehe getroffen. Einigemal liefen uns auch mehrere der niedlichen Tiere über den Weg. Heute wollen wir uns ausschließlich ein Stündchen ihrer Betrachtung widmen.

Hier vom Rande des Baches aus sehen wir einen schmalen Pfad durch das Gebüsch getreten, und der weiche tonige Boden zeigt uns genau die Fußspuren (Fährte) von Rehen. Jedesmal sind die Eindrücke von zwei Klauen nebeneinander, etwa ähnlich wie beim Schafe, nur zierlicher. Wir sehen daraus schon, daß das Reh der Ziege in seiner Fußbildung verwandt ist und zu den Wiederkäuern gehört, die ihre Speise beim Ausruhen noch einmal feiner kauen, nachdem sie auf der Weide den größeren Magen völlig gefüllt haben. Wir folgen jener Spur und gebrauchen dabei die Vorsicht, gegen den Wind zu gehen, damit die aufmerksamen Tiere unsere Ankunft nicht zu früh merken und entfliehen.

Unser alter Freund, der Jäger, geleitet uns und macht uns dabei auf mancherlei Dinge aufmerksam, die wir bis dahin nicht beachtet haben. So zeigt er uns an den Bäumen Stellen (vom Jäger „Schläge" genannt), an denen die Rinde beschabt ist. „Hier", sagt er „haben die Rehböcke ihr Geweih gefegt, d. h. von dem jungen Geweih die Haut (den Bast) abgerieben." Dann deutet er auf den Grund, wo hier und da der dunkle Waldboden aufgescharrt ist, und erzählt uns, daß dies ebenfalls die Rehe getan hätten.

„Ei sieh!" ruft er uns jetzt zu, „ein hübscher Fund!" und hebt vom Boden ein Rehgehörn auf mit drei niedlichen Stangen und am Grunde einen zierlichen Kranz aus Hornperlen. „Das hat ein Rehbock im Herbst abgeworfen, vielleicht auch hier an dem Baume sich absichtlich abgestoßen! Das zweite Horn, das noch dazu gehört, mag noch im Walde liegen, wenn es nicht ein Holzgänger bereits gefunden hat!" Beim Weitergehen kommen wir schließlich zu einem Bergzuge, an dem wir entlang wandern, bis wir von dem vordersten Ausläufer desselben zwischen zackigen Felsklippen hindurch in ein kleines, blumiges, stilles Waldtal schauen, das selten der Fuß eines Menschen betritt. Da sehen wir eine ganze Rehfamilie beisammen ihr friedliches Wesen treiben: ein kräftiges Rehböckchen mit zackigem Geweih, zwei Rehweibchen (Ricken), jede gefolgt von zwei buntfleckigen Kälbchen.

Auf dem Gestein lassen wir uns nieder, und unser Freund erzählt uns, während wir uns ausruhen, die Lebensgeschichte des Rehes.

Im schönen Maimond, wenn die Singvögel im Walde ihre schönsten Lieder singen und das junge Gras und Kraut am saftigsten sprießt, dann sucht das alte Reh ein stilles, verstecktes Plätzchen, entweder ein verborgenes Dickicht im Buschwerk oder ein Fleckchen von hohem Grase überwuchert. Dort erhält (wirft) es ein oder zwei Junge, die so klein sind wie junge Ziegenlämmchen und welche gelbbraun aussehen, mit hellen Flecken und Streifen gezeichnet.

Die Rehkälbchen genießen anfänglich nichts weiter als Milch. Sie werden vom alten Reh gesäugt, wie das Kalb von der Kuh. In den ersten Tagen müssen die Kleinen im Versteck still liegen bleiben. Dann

Rehe im Walde.

folgen sie ihrer Mutter bei den Spaziergängen in den Wald, ihre dünnen Beine werden kräftiger und flinker, und nach wenigen Wochen fangen sie an, im Walde zu botanisieren. Sie suchen sich die zartesten Grasspitzchen oder die weichsten Blätter der Kräuter und verspeisen sie.

Jetzt wird es lebendig im Walde. An der einen Seite schlagen die Holzhauer eine Abteilung Bäume nieder, und auf der anderen ziehen ganze Scharen Kinder durchs Gebüsch und suchen Heidelbeeren, Preißelbeeren und Himbeeren. Da ist's den Rehen dort nicht mehr behaglich, sie wandern am Abend im Dämmerlicht aus, der Rehbock voran, die Ricken mit den Kälbchen ihm nach hinaus ins Getreidefeld. Dort lagert die Familie, am Tage versteckt von den hohen Halmen, und am Abend oder im Zwielicht der Morgendämmerung schmausen sie die saftigen Erbsen vom Acker oder den Hafer.

Ohne Gefahren sind aber auch die Jugendtage eines Rehkälbchens nicht. Einer ihrer schlimmsten Feinde ist der Fuchs, der schlaue Räuber. Gar zu gern schleicht er sich an die weidenden Rehe heran und stellt sich so gutmütig und unschuldig als möglich. Ist ein junges Reh vorwitzig genug, ihm zu nahe zu kommen, und hat seine Mutter auf dasselbe nicht gehörig acht, so springt der arge Bursche zu und erwürgt das Kälbchen und schleppt es fort zum Fraße. Gleicherweise drohen vom Uhu und Adler Gefahr.

Sobald im Spätsommer die Sensen erklingen, wandert die Familie zurück in den Wald und sucht die alten Lieblingsplätzchen wieder auf. Die braunen Haare, die das Sommerkleid bildeten, fallen allmählich aus, und es wachsen an ihrer Statt neue von graubrauner Farbe. Sie sind aber nicht weich und geschmeidig, wie beim Pelze des Marders und der Katze, sondern ziemlich rauh und brüchig. Im Herbst verliert auch der alte Rehbock sein Geweih, und wenn es nicht von selbst abfallen will, stößt er es sich an den Baumstämmen ab. Wahrscheinlich juckt es ihn oder wird ihm sonst lästig. Die Stelle, an welcher es sich ablöst, blutet ein wenig, bald aber heilt eine Haut darüber, und es bleiben auf dem Kopfe nur die zwei Knochenaufsätze (Rosenstöcke) übrig, die mit dem Stirnknochen in enger Verbindung stehen.

Im Herbst erkennt man auch, welches von den Rehkälbchen Männchen und welches Weibchen sind. Bei den ersteren bilden sich die Rosenstöcke, und gegen Weihnachten fangen ihnen die ersten Geweihe an zu wachsen. Die Haut rings um die Rosenstöcke schwillt an. Das Blut strömt mächtig dorthin, und das junge Geweih wächst gleich zwei beinahe geraden Stangen ziemlich rasch hervor. Anfänglich ist es noch weich und mit Haut und Haaren überzogen, die beide zusammen vom Jäger „Bast" genannt werden. Hat das Geweih die gehörige Größe erlangt, so bildet sich an seinem unteren Teile, an welchem es mit den Rosenstöcken zusammenhängt, ein Kranz aus zierlichen Knochenperlen, der Rosenkranz. Durch diesen wird es allmählich dem Blute verwehrt, noch nach dem oberen Geweih zu strömen. Die Haut und Adern an letzterem vertrocknen, und das Geweih wird hart und verknöchert. Der Rehbock reibt sich den trocken gewordenen Bast ab und steht stattlich bewaffnet da als Spießer (S. 35 Fig. 1). Die Rinnen und Vertiefungen, welche die Außenseite der Geweihe zeigt, sind noch die Spuren von den Adern, die dort verliefen.

Im zweiten Jahre bekommt das Rehböckchen (Spießbock) ein Geweih, bei dem jede Stange noch einen Seitenast hat (S. 35 Fig. 2). Er wird dann vom Jäger ein Gabelbock genannt. In späteren Jahren erhält jede Hälfte 3, 4—5 Zacken, mehr aber nicht (Fig. 3, 4, 5). Die Rückseite des Geweihes ist dagegen mit zierlichen Knochenperlen besetzt.

Mit dem Geweih wächst dem Rehbock auch der Mut, und wenn das Gehörn ausgewachsen und hart ist, so wird das sonst so sanfte und friedliche Tier kampflustig und streitsüchtig. In der Abenddämmerung tritt es dann trotzig auf den freien Platz zwischen dem Gebüsch und läßt ein dreimaliges lautes Bellen hören. Er ruft damit das Weibchen, droht aber auch zugleich dadurch jedem anderen Rehbock, ihm aus dem Wege zu bleiben. Begegnen sich zu dieser Zeit (im August) zwei rauflustige Böcke, so stellen sie sich zum Kampfe gegenüber, wie die alten Ritter beim Turnier. Sie rennen mit ihren Geweihen gegeneinander, daß es laut schallt. Nicht selten trägt der eine oder der andere eine derbe Wunde davon; ja es ist schon vorgekommen, daß sie sich mit den Geweihen so verwickelten, daß sie nicht wieder auseinander konnten und dann elendiglich umkamen.

Zur Zeit ihrer Kampflust greifen die Rehböcke manchmal sogar Menschen an, die ihnen zur ungelegenen Stunde in den Wald kommen.

Im Winter geht es der Rehfamilie freilich um so schlimmer, wenn der Schnee ringsum jedes Grasspitzchen und Krautblättchen zudeckt. Dann verkriechen sich die armen Tiere ins Fichtengebüsch und schneien beim Sturm mitunter halb ein. Wo gibt's da etwas zu fressen? Nur die harten Knospen der Büsche, ein Fichtenreischen oder ein Grasblatt, das mühsam unter dem Schnee hervorgescharrt werden muß. Das ist ein kümmerliches Futter.

Der Jäger legt bei anhaltendem strengen Winterwetter an bestimmten Waldplätzen Heu aus, läßt auch wohl Espenbäume fällen, deren Knospen und dünne Zweige von den Tieren abgenagt werden. Auch das junge Gehörn erfriert manchmal dem Bocke teilweise und erscheint dann verkrüppelt. Es bleibt in Jahren, die nur kümmerliches Futter liefern, nur notdürftig und wird erst kräftiger und stärker bei guter reichlicher Nahrung.

Wenn mehrere Jahre lang bei schöner Witterung die Rehe im Walde sich ungestört vermehrten, so müßten sie bald dem Wald und den umliegenden Feldern nachteilig werden. Sie würden die jungen Bäume im Winter und Frühjahr so stark benagen, daß viele derselben eingingen, und die Getreidefelder würden übel zugerichtet, wenn Hunderte von Rehen dort ihren Spielplatz aufschlügen und offene Tafel hielten. Schon deshalb ist es nötig, daß der Jäger jährlich eine Anzahl Rehe wegschießt.

Bei der Jagd zeigt sich das Reh ebenso schnell als schlau. Es täuscht gern die Hunde, welche es verfolgen, rettet sich mit einigen weiten Sprüngen in dichtes Gebüsch und legt sich plötzlich regungslos platt auf den Boden ins hohe Gras. Suchen bei der Treibjagd die Burschen mit Schreien und Lärmen das Reh auf den Jäger hin zu scheuchen, der am anderen Ende des Waldes steht, so schleichen sich die klugen Tiere am liebsten mitten zwischen den Treibern rückwärts durch. Sie merken, daß vorn, wo es still ist, ihnen größere Gefahr droht als bei den lärmenden Leuten.

Mitunter wartet der Jäger auch in der Dämmerung am Waldrande auf die Rehe, um sie zu schießen, und sucht den Rehbock zu locken, indem er mit einem Blatte die Stimme der Ricke nachahmt.

Fängt man das Reh jung ein, so wird es leicht zahm und zutraulich. Es nimmt das Futter dann aus der Hand und verträgt sich mit anderen Haustieren ganz gut. Wird ihm eines der letzteren unangenehm, so gibt es ihm mit den harten Vorderhufen einen derben Schlag und fürchtet sich selbst vor dem Hofhund nicht. Ein Jäger besaß ein weibliches Reh; es ging mit dem Manne in den Wald spazieren, blieb im Hochsommer manchmal einige Tage und Nächte bei den wilden Kameraden im Forste, kehrte aber dann regelmäßig zum Jägerhause zurück. Die Jungen jedoch, welche es erhielt, benahmen sich so scheu und wild, daß man sie in den Wald entlassen mußte. Man hält Rehe gern in Lustgärten und trifft dort mitunter auch solche mit weißem Pelze und roten Augen (Albinos), deren Junge aber wieder gewöhnliche Farbe erhalten.

6.

Das Moos in der Waldschlucht.

Kein Pflänzchen ist auf Erden
Dir, lieber Gott, zu klein;
Du ließ't sie alle werden,
Und alle sind sie dein.
Cl. Brentano.

Der kühne Schotte Mungo Park hatte auf seiner Entdeckungsreise nach dem Nigerflusse im heißen Afrika unsägliche Gefahren auszustehen. Seine Vorräte gingen zu Ende, seine Lasttiere fielen, und von seinen Begleitern starb einer nach dem anderen. Der sonst so kräftige Mann war fieberkrank, und die rohen Neger, durch deren Land sein Weg führte, bezeichneten ihn und seine noch übrigen Genossen höhnisch als Speise für die Hyänen. Überwältigt von der unendlichen Not, sank der arme Mann endlich verzweifelnd zusammen, tief im wilden Gebirge, weit, weit von der Küste entfernt. Sollte er noch weiter vorgehen oder umkehren? — Beides schien gleich unausführbar. Sollte er s in brennendes Haupt auf den Felsblock am Wege legen und hier den Tod erwarten, der ihm doch allenthalben drohte? Fast schien es das Beste.

Da fiel sein Blick auf ein Moosbüschelchen, das an dem dürren Gestein hing und freudig grünte. Es breitete seine zierlichen Blättchen dem Lichte entgegen und erhob die Fruchtköpfchen so wohlgemut, als sei nirgends Not auf der Erde vorhanden. Für den verzagten Mann ward das kleine Moos aber zum Prediger in der Wüste. Er sprach zu sich selbst: „Das unbedeutende kleine Gewächs ist so sonderbar gebaut, es ist mit allem versorgt, was es braucht. Wie konnte ich vergessen, daß der große Vater aller Wesen auch hier bei mir ist? Er wird mir beistehen und helfen!"

So zogen neuer Lebensmut, neue Hoffnung, neues Gottvertrauen in die Seele des Helden ein. Er brach auf, drang mit seinen Genossen kühn vorwärts und erreichte das Ufer des gesuchten Stroms, dessen Entdeckung für alle Zeiten Mungo Parks Namen unvergeßlich gemacht hat.

Auch wir wollen heute miteinander eine Entdeckungsreise ins Reich der Moose unternehmen. Es hat die Welt dieser kleinen Gewächse schon manchem mehr geboten, als er anfänglich vermutete. Ich selbst könnte dir von vielen schönen Stunden erzählen, die ich den unscheinbaren Pflänzchen verdanke.

Wir lenken unsere Schritte nach der tiefen, schmalen Felsschlucht, die sich weit ins Gebirge hineinzieht. Draußen glüht heißer Sonnenschein, in der Schlucht ist es schattig und kühl. Ein Bächlein rinnt silberhell über die Steinblöcke, und wir werden mitunter selbst über die Steine schreiten müssen, die aus dem Wasser hervorschauen. Die Luft hält sich hier feucht, die Nebel liegen des Morgens lange wie Schleier über dem Wasserlauf und sind gegen Abend frühzeitig wieder da. Ringsum glänzen die Steine von hellen Tauperlen. Blumen werden wir hier nur wenige finden, sie wollen es heller und wärmer haben, aber die Moosrasen rings an den Felsen schwellen in größter Üppigkeit uns entgegen.

Machen wir am Eingange der Schlucht einen kleinen Halt, um uns abzukühlen! Wir werden dann um so frischer ans Werk gehen.

Wir befragen inzwischen das kleine Moos um seine Lebensgeschichte. Eigentliche Blumen hat ein Moospflänzchen nicht, wohl aber trägt es zierliche Früchte. Besehen wir eine derselben etwas genauer! Unten steht der schlanke Stiel, darauf erhebt sich die Kapsel (d) und trägt eine zierliche Haube. Bei manchen Moosen besteht dieselbe aus einem durchsichtigen Häutchen, andere haben ein Haarmützchen auf dem Kopfe.

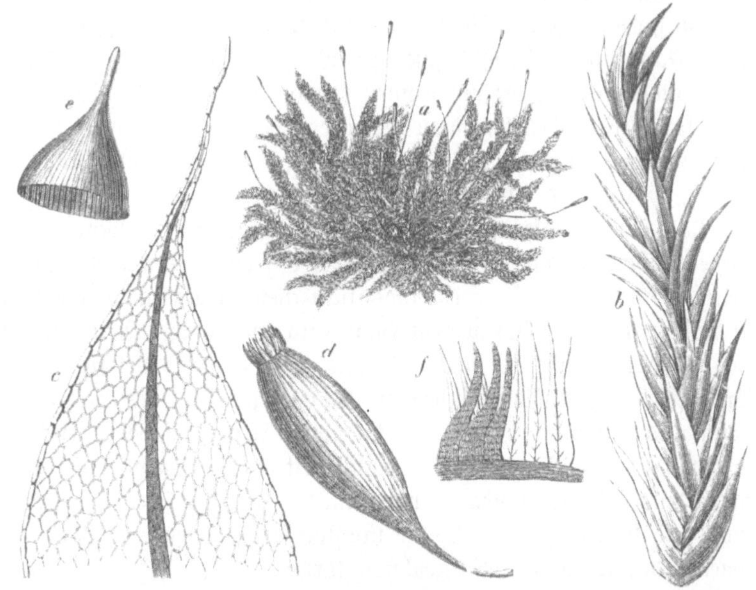

Zypressenförmiges Astmoos. a Pflänzchen in natürlicher Größe. b ein Blattzweig, vergrößert. c Stück eines Blattes, vergrößert. d Fruchtkapsel. e Deckel. f Zahnbesatz.

Hebst du diese Haube ab, so gewahrst du den Fruchtdeckel (e), der in ein Spitzchen ausläuft, je nach den Moosarten lang oder kurz, schief oder gerade. Du nimmst auch den Deckel ab und bemerkst, daß die Öffnung der Kapsel ringsum mit Zähnen besetzt ist, welche die Kapselmündung schließen, solange die Moosfrucht noch feucht ist. Wird sie trocken, so breiten sich die Zähnchen aus und streuen dabei die feinen Stäubchen, die in der Kapsel liegen, aus. Jene Zähne sind in sehr verschiedener Zahl und von verschiedenen Formen vorhanden, erfordern aber ein gutes Vergrößerungsglas, um sie in ihrer ganzen Schönheit zu erkennen (f). Die braunen Stäubchen in der Kapsel haben für das

Moos eine ähnliche Bedeutung, wie die Samen für die blütentragenden Gewächse. Es vermehrt sich durch dieselben. Man nennt sie beim Moos und ähnlichen niederen Pflanzen die Sporen. Sie ziehen als braune Wölkchen dahin, sobald der Wind die geöffneten Kapseln schüttelt. Finden sie ein feuchtes, schattiges Plätzchen, das für sie paßt, so lassen sie sich zu Hunderten und Tausenden nebeneinander nieder und beginnen ihr Werk in Gemeinschaft. Das Moos liebt Genossen und versteht gute Kameradschaft zu halten. Jedes Stäubchen saugt Wasser ein und wächst zu einem zarten Faden aus. Siehst du hier am Bergabhange den grünen Anflug, der aussieht, als sei er mit grüner Farbe angestrichen? Dein bloßes Auge kann nichts weiter daran erkennen, das Vergrößerungsglas aber zeigt dir eine Anzahl jener Fäden, aus lauter kleinen Abteilungen bestehend, welche die Pflanzenforscher Zellen nennen.

Das Fadengeflecht ist der sogenannte Vorkeim des Mooses. Auf ihm entstehen Knospen, kleiner als der Kopf einer Stecknadel, und aus diesen entwickeln sich die neuen Moospflänzchen. Jedes hat einen Stengel, sei dieser oft auch dünn wie ein Haar und bei manchen Arten kaum so lang als das Weiße am Nagel. Unten am Stengel bildet sich brauner Wurzelfilz, weiter hinauf stehen die Blättchen. Diese weichen in ihrer Form und Färbung bei den verschiedenen Arten außerordentlich voneinander ab, und sobald dein Auge sich erst etwas gewöhnt hat, die Gestalten und Schatten schärfer voneinander zu unterscheiden, wirst du auch ohne Vergrößerungsglas die meisten der gewöhnlichen Moosarten voneinander sondern und bezeichnen lernen.

Gleich hier am Wege steht in Menge das gemeine Moos, welches zum Anfertigen der Kränze allgemein in Gebrauch ist; es ist das dreiseitige Astmoos (Hylocomium triquetrum). Neben ihm wuchert das riemenästige Astmoos (Hylocomium loreum). Etwas höher nach dem Bergabhange hin folgen weiche Polster des glänzenden Astmooses (Hylocomium splendens). Es breitet seine zierlich gefiederten Zweige in wagerechten Schirmen absatzweise übereinander aus und hat dabei einen Schimmer, der etwas an den Bronzeglanz erinnert. Über den Fuß des Buchenstammes hat das zypressenblätterige Astmoos (Hypnum cupressiforme) ein dichtes Gewebe gesponnen. Seine Ästchen erinnern, wie sein Name sagt, an die Blattbildung der Zypresse, während dicht neben ihm eine andere Astmoosart (Thuidium tamariscinum) die reizende Form der Tamariske nachahmt.

Du wirst schon aus diesem Anfange bemerkt haben, daß die Astmoose, die alle an dem gefiederten Stengel zu erkennen sind, in unseren Waldungen am reichsten vertreten sind.

Wir gehen jetzt weiter ins Innere der Schlucht. Es fällt uns ein großes halbkugeliges Moospolster durch seine helle Färbung auf. Es ist das gemeine Weißmoos (Leucobryum glaucum). Selten werden wir an ihm Früchte bemerken, so oft dieselben auch bei den Astmoosarten vorhanden sind. Wie geht es aber zu, daß trotzdem dieses Moos eben so häufig vorkommt, wie zahlreiche andere Arten, die auch nur selten Früchte erzeugen?

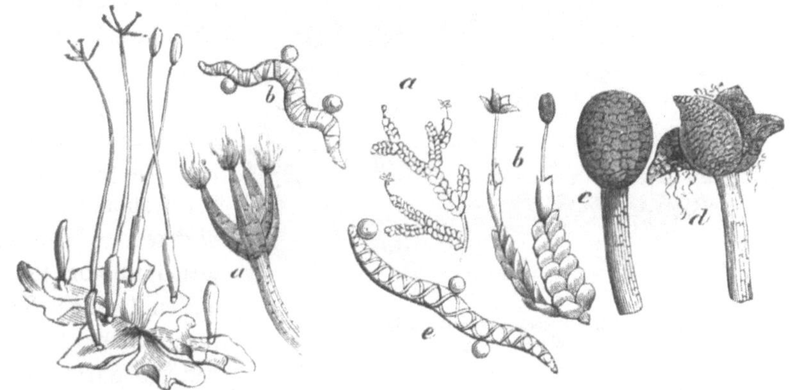

Nackthaubiges Lebermoos (Pellia epiphylla). a Fruchtkapsel vergrößert, b Schleuderzelle.

Gemeines Kratzmoos (**Radula complanata**, an Baumstämmen wachsend). **a** natürliche Größe, b ein Fruchtzweig vergrößert, c geschlossene Frucht, d aufgesprungene, e eine Schleuderzelle mit Fortpflanzungszellen (Sporen).

Manche der kleineren Moosarten werden nur einen Sommer alt, andere, wie das Weißmoos — ja, wer vermag zu sagen, vor wie vielen, vielen Jahren dieser Rasen aus angeflogenen Sporen entstanden sein mag? Beim weiteren Wachstum treibt der Stengel Seitenzweige. Am unteren Ende stirbt er allmählich ab und vermodert zu fruchtbarer Walderde. Der Wurzelfilz rückt in demselben Grade höher hinauf. Aus den Zweigen werden dadurch einzelne Pflanzen, welche von neuem Zweige treiben. So ist es wohl denkbar, daß ein Moosrasen trotz seiner Unscheinbarkeit viel älter ist als die mächtige Eiche, neben welcher er grünt.

Von dem Weißmoos heben sich die dunkelgrünen Rasen der Haarmoose (Polytrichum) auffallend ab. Eine Art dieses Geschlechts ahmt die Form junger Wacholderzweige täuschend nach (P. juniperinum). Kleinen Palmenbäumen ähnelt dagegen das wellenblätterige Sternmoos (Mnium undulatum), und sein naher Verwandter, das einjährige Sternmoos (Mnium hornum), das an dem feuchten Grunde der Felsenwand steht, hat seinen wachsartig schimmernden Rasen mit zahllosen Glöckchen behangen. An der Felswand hinauf zieht sich das Ausläufer treibende Trugzahnmoos (Anomodon viticulosus) und von dort oben herab hängen gleich seidenen Tapeten fußlange Rasenteppiche der krausblätterigen Neckere (Neckera crispa) und der flachästigen Leskea. Wir können mehr als hundert Moosarten vielleicht in der einzigen Schlucht auffinden, wenn wir sorgsam die einzelnen Rasen durchprüfen. Je länger wir darauf achten, desto mehr bemerken wir, und wenn wir irgend in unserer heimischen nächsten Umgebung wirklich neue Entdeckungsreisen anstellen wollen, so bietet die Mooswelt uns die reichste Ausbeute. Wir erstaunen über den Reichtum an allerliebsten zierlichen Formen dicht um uns, an denen wir bisher vielleicht gleichgültig vorübergegangen, die wir alle zusammen eben nur für ein und dasselbe Moos angesehen haben, während sie das doch keineswegs sind; denn alle die Arten, welche wir bisher betrachteten, gehören nur der einen großen Abteilung der Moose an, nämlich jener der Laubmoose.

Gemeines Steinlebermoos (Marchantia polymorpha). Natürliche Größe.

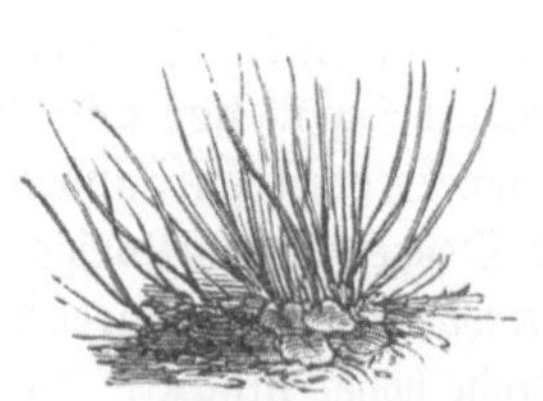

Rosettenlebermoos (Anthoceros punctatus). Natürliche Größe.

Außer ihnen finden wir an denselben Stellen auch noch zahlreiche Lebermoose. Dort, wo das Wasser an der Felswand herabsickert, sehen wir breite, bandähnliche, grünliche Gebilde dicht am feuchten Grunde angedrückt. Sie teilen sich gabelig und tragen auf wasserhellen, durchsichtigen Stielen von Zolllänge schwarzbraune Kapseln, die in vier Klappen aufspringen und ähnliche Sporenzellen ausstreuen, wie die Kapseln der Laubmoose. Wir haben das nackthaubige Lebermoos (Pellia epiphylla) vor uns. Quer über den Weg zieht sich ein Gewächs von ähnlicher Beschaffenheit, nur fester. Wir können spannenlange Teppiche davon abschälen. Es ist das Steinlebermoos (Marchantia polymorpha), das seine Fortpflanzungsorgane auf Trägern ausbildet, die an kleine Palmenbäume erinnern. Ein drittes, ähnlich gestaltetes Lebermoos zieht sich als dichter Rasen meterweit am Bachesufer hin und wird uns durch seinen gewürzhaften Geruch unvergeßlich. Seine Fruchtträger erinnern mehr an jene der ersteren Art. Es ist der Waldkegelkopf (Fegatella conica). Eine vierte Art bildet kleine Rosetten auf dem Pfade und erhebt seine Fruchtkapseln wie dünne Spitzen, die bei der Reife in zwei fadenförmige Klappen zerspalten. Diese und noch eine zahlreiche Menge ähnlicher Arten bilden die Gruppe der laubtragenden Lebermoose. Noch weit zahlreicher sind aber diejenigen Formen, welche Blätter entwickeln, die artenreichen Gattungen der Jungermannien, Lophocolien, des Flügelmooses, Federmooses, Filzmooses u. v. a.

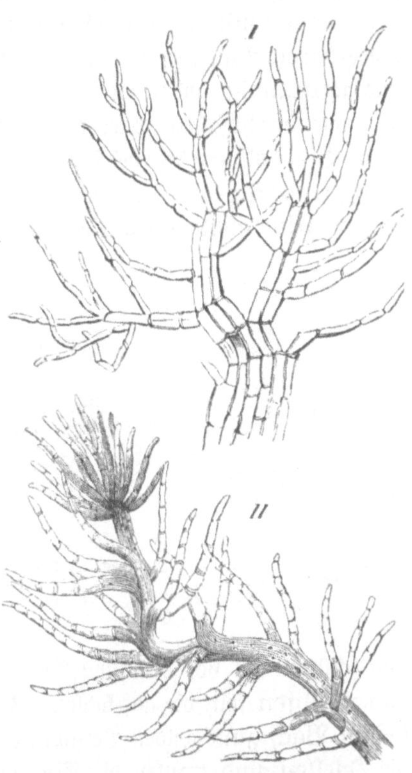

I Blatt vom Filzlebermoos (Trichocolea Tomentella). II Blatt vom dreizeiligen Lebermoos (Jungermannia trichophylla), beide stark vergrößert.

Die Blätter der Lebermoose sind viel zarter noch als jene der Laubmoose, so daß wir bei etwas Übung sofort erkennen, ob eines dieser kleinen Gewächse in die eine oder in die andere jener Gruppen gehört. Viele sind dabei so klein, daß wir wenigstens die Lupe zu Hilfe nehmen müssen, um sie deutlich zu erkennen, bei den kleinsten Arten sogar das Mikroskop. Dann aber werden wir auch überrascht sein von den höchst interessanten und oft sonderbaren Blattformen, die sich uns bieten. Manche sind einfach, rund und ganzrandig, andere in zwei tiefe Lappen gespalten, mehrere zwei-, drei- oder mehrzähnig. Wieder andere setzen diese Zerteilung fort, bis das ganze Blatt als ein Büschel Haare erscheint. Diese sind am Rande zierlich gesägt, jene erscheinen genau wie kleine Halbmonde, noch andere wie Gemshörner. Eine ähnliche Mannigfaltigkeit zeigen die Früchte unserem Auge.

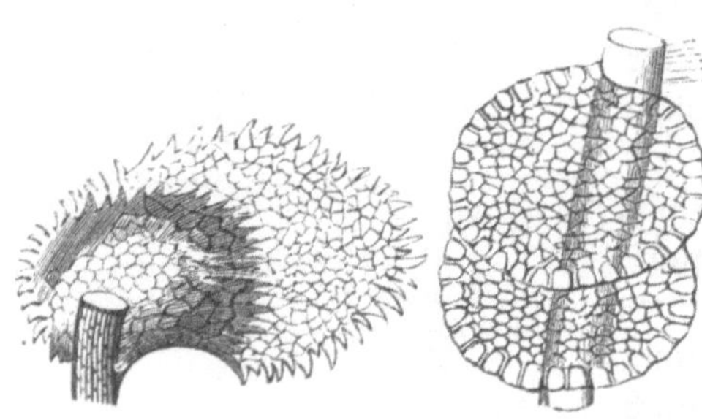

Blatt vom Waldmoos (Scapania nemorosa). Zwei Blätter vom geränderten Lebermoos (Jungermannia crenulata). Beide vergrößert.

In einer feuchten Bergschlucht bietet sich dem Pflanzenfreunde ein wahres Raritätenkabinett. Dabei strotzt alles von saftiger Frische, und die feinen, fast durchsichtigen Blättchen sind mit glitzernden Tauperlen behangen, als seien es Edelsteine. Die Moospolster saugen das erquickende Naß begierig auf und schützen es vor dem schnellen Verdunsten. Sie halten Millionen Regentropfen fest, die auf kahlem Boden schnell bergab laufen und den kleinen Bach zum wilden Bergwasser anschwellen würden. Sie speisen die Quellen und tränken die Wurzeln der Bäume und Sträucher.

Drunten am Bach birgt die Waldschnecke ihre Eier in dem feuchten Rasen des Filzmooses, das uns mit seinen gefiederten weißgrauen Zweigen fremdartig anschaut. Auf dem Polster des Streifenfarn-Lebermooses (Plagiochila asplenioides) ruht ein schwarz- und gelbfleckiger Salamander von seiner nächtlichen Promenade aus und blickt uns mit seinen dunklen Augen ernsthaft an. In den köstlichen Borten, die das Kugelmoos (Bartramia pomiformis) am Felsgesims bildet, sitzen Käfer und andere Insekten. Unser Blick fällt zufällig in einen Felsenspalt — was ist das? Haben sich hier die Märchen verwirklicht, ist es uns geglückt, einen Tempel der Waldfee, eine Grotte der Zwerge und Wichtelmännchen aufzufinden? Da drinnen glitzert und flimmert es so sonderbar, als sei die kleine Grotte mit Katzenaugen tapeziert, als leuchte sie im phosphorischen Feuer wie die Johanniskäfer. In diesem verborgenen Schlupfwinkel hat sich ein winziges Moos angesiedelt, Spalthütchen (Schistostega) nennen es die Mooskenner, Leuchtmoos die gewöhnlichen Leute. Sein Vorkeim ist es, der dēn größten Teil des Gesteins dort überzieht und das einfallende Licht in so eigentümlicher Weise zurückwirft, daß man lange Jahre hindurch geglaubt hat, er erzeuge selbst Licht, ähnlich wie manche unterirdische Pilze es tun. Sind wir einmal auf diese Eigentümlichkeit der Moose aufmerksam geworden, so werden wir dieselbe auch noch bei den Vorkeimen mehrerer andrer Moosarten bemerken.

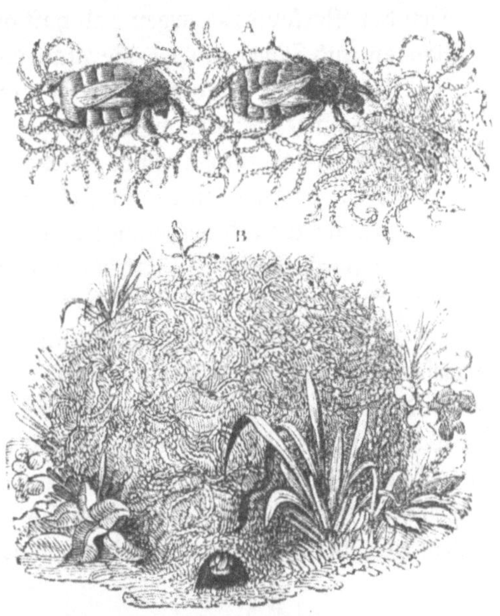

A Mooshummeln bei der Arbeit. B Nest der Mooshummel.

Wir gehen einige Schritte weiter, da huscht ein Vögelchen aus dem moosigen Abhang! Es ist ein Zaunkönig, und dort hat er sein Nest, sein Königsschloß. Der kleine Palast ist, wenigstens für Zaunprinzen, niedlich genug, warm und weich dazu. Er ist wie eine hohle Kugel ganz aus Mooshalmen geflochten.

Weiter oben, wo es trockner ist, werden wir auch auf den Bau einer Mooshummel aufmerksam, aus dem die fleißige Arbeiterin eben hervorsummt. Es sieht gar interessant aus, wie das kleine Geschöpf die Moosfasern ineinander verarbeitet und zusammenflicht. Kein Korbflechtermeister könnte seine Sache geschickter machen.

Das Moos ist für die Welt der kleinen Tiere ein gar wichtiges Ding. Für Käfer, Mücken, Asseln und andere kleine Gesellen bildet es den Buschwald und das Ruhebett. Hier halten Tausende von Raupen den

Winterschlaf, und wenn es solche Arten sind, die dem Forstmann durch Abfressen der Bäume schaden, so kann er sie dort bequem vernichten. Er findet sie dann hübsch beisammen. Aber auch sie wissen sich zu schützen, denn in Waldungen, in denen man das Moos wegharkt, um es zu Streu für das Vieh zu verwenden, zerstreuen sich jene ungeladenen Gäste über die Zweige der Bäume und sind nicht zu erfassen.

Bist du wohl einmal in einer größeren Stadt zur Marktzeit durch die Reihen der Verkäufer gegangen und hast auf die Menge von Kränzen und Girlanden aus Moos geachtet, die man dort feilbietet? Ich möchte wohl wissen, für wieviel hundert Mark in einer einzigen solchen Stadt im Laufe des ganzen Jahres an Moos verkauft wird! Da wird manches warme Winterkleid für ein armes Kind aus dem Erlös für das Moos abfallen. Es hat dasselbe spielend im grünen Walde gesammelt und mit den Vögeln um die Wette dabei gesungen. Und zu Weihnachten gibt das Moos obendrein noch allerliebste Gärtchen unter den Christbaum, Büsche und Bäume, zwischen denen sich die weißen Schäfchen gar niedlich ausnehmen. Nimm dir einige Hände voll mit vom schönsten grünen Moose, du kannst es unbesorgt bis zu Weihnachten aufheben. Laß es austrocknen und verwahre es vor dem hellen Sonnenlicht, daß es nicht ausbleicht. Tauchst du es dann in Wasser, so quillt es frisch und fröhlich wieder auf, als sei es eben aus der Waldschlucht gekommen. Dann baue für deine jüngeren Geschwister ein kleines Paradies daraus und erzähle ihnen von dem eigentümlichen Leben des Mooses und von alledem, was du sahst in der Waldschlucht.

Waldkegelkopf (Fegatella conica). Natürliche Größe.

7.

Der Uhu und sein Gefolge.

„Wie heißt der König der dunklen Nacht?
Seine Augen leuchten wie Flammenpracht,
Seine Klau' ist scharf, sein Flug ist leis',
Er ruft im Wald in schauriger Weis':
Uhu!"

Komm mit zur nächtlichen Waldfahrt! Ich kenne den Fußpfad genau und werde dich sicher führen, daß du nicht strauchelst!

Es ist doppelt finster zur Nachtzeit im Walde, das Mondlicht malt nur schmale Silberstreifen zwischen den schwarzen Stämmen hindurch. Alles sieht schwarz aus; Fels und Laub — alles ruht schweigend. Unsere Einbildungskraft kann aus den unbestimmten Umrissen sich alle möglichen Gestalten schaffen. Jener Baumstumpf erscheint wie ein kauerndes Weib, der Busch daneben gleicht einem Trupp von Leuten, der lauernd am Wege hält. Dort der Steinblock ahmt die Gestalt eines Riesenkopfes nach; sein Scheitel ist vom Mondlicht versilbert, und eine Zacke streckt sich vor als lange, lange Nase.

Der Wald unserer Heimat birgt zwar jetzt weder Wolf noch Bär, die des Wanderes Leben bedrohen können, er hat aber trotzdem zur Nachtzeit immer noch genugsam wirkliche Gefahren für den, der nicht ganz genau in ihm Bescheid weiß. Die meisten Waldwege sind holperig, im Finstern kann der Wanderer leicht fallen. Kommt er vollends von dem schmalen Fußpfade ab und verirrt sich im Dickicht, so droht ihm hier ein Sturz in die Schlucht, dort Versinken im Sumpfe; von allen Gebüschen, Kräutern und Gräsern träufelt der Nachttau auf ihn herab und bringt ihm mit einem unfreiwilligen Nachtlager im Walde mindestens eine tüchtige Erkältung.

Aber fürchte dich nicht, mein lieber Reisegenoß, ich werde dich nach kurzer Wanderung wohlbehalten zurückgeleiten zur Wohnung!

Noch ist draußen der letzte Schimmer des Zwielichts nicht verglommen, und schon beginnt im Walde das eigentümliche Leben der Nacht. Für uns Menschen und für zahlreiche andere Geschöpfe ist die Nacht die Zeit behaglicher Ruhe. Viele Blumen schließen die Blüten und legen die Blätter zusammen. Die Tagfalter sitzen unter dem Laube und schlummern, und die Singvögel schlafen im dichten Gebüsch. Allein eine ebenfalls nicht unbedeutende Anzahl von Geschöpfen hält die Ruhe bei Tage und erwacht mit der Abenddämmerung zum Leben und regen Treiben.

Mancherlei Käfer ziehen summend und brummend an uns vorüber. Abendfalter schwirren über den duftenden Blüten des Strauches, dickleibige Nachtschmetterlinge, Spinner und Motten der verschiedensten Art kommen aus ihren Schlupfwinkeln hervor und gaukeln rings um uns. Alle jene Schmetterlinge, die der Forstmann als Waldverderber kennt: die Forsteule, der Kiefernspinner, die Nonne, die Wickler, Spanner, Prozessionsspinner usw. — sie alle sind Nachtfalter. Auch von den stechenden Zweiflüglern, den Singmücken, Schnacken und ihren Verwandten kommen ganze Scharen mit der Abenddämmerung hervor, um, wie die Elfen der Sage, im Mondschein ihre Tänze zu halten.

Unser Auge muß sich schärfen, um wenigstens die größeren Gestalten der nächtlichen Tiere im Walde zu erkennen.

Siehst du dort in den Baumgipfeln der breiten Waldwege die Fledermäuse ihr Spiel treiben? Sie verschliefen den langen Sommertag im hohlen Baume, der trocken und sicher war. Dort hingen sie, mit den Hinterfüßen angeklammert, den Kopf nach unten, eine neben der anderen, wie wir sie bereits früher im Schlupfwinkel unserer eigenen Wohnung belauschten (s. „Entdeckungsreisen in Haus und Hof"). Jetzt sind sie hervorgeschlüpft, um zu jagen. Mit blitzschnellen Wendungen erhaschen sie die Motte und den schwirrenden Käfer, dann die Mücke und Fliege. Sie sind für den Wald ganz nützliche Gesellen, welche zahllosen kleinen Plagegeistern aus der Insektenwelt den Garaus machen. Sie setzen den heilbringenden Krieg gegen die kleinen Feinde des Waldes zur Nachtzeit fort, welchen die Scharen der Singvögel bei Tage begonnen haben.

Die Gestalten der Fledermäuse erscheinen uns für den ersten Anblick unheimlich und häßlich. Unser Auge ist an das Leben des Tages gewöhnt. Die dünne, fast klebrige Flughaut zwischen den Zehen, die sich beinahe wie Spinngewebe anfühlt, die sonderbaren Hautaufsätze der Nase, welche einige tragen, die langen Ohren bei anderen, das wunderliche Gesicht, die zwitschernde Stimme, alles das macht auf uns einen fremdartigen, gespenstischen Eindruck. Ähnlich ergeht es uns bei den meisten größeren Nachttieren. Die alten Märchen und Sagen versäumen es deshalb niemals, Fledermäuse und ihre Genossen zu erwähnen, wenn es recht schauerlich hergeht und die Zuhörer das Gruseln so gründlich als möglich lernen sollen. Allein selbst die Wesen der Finsternis erscheinen uns angenehmer, wenn wir sie näher kennen lernen. Siehe, da trägt die alte Fledermaus das zarte Junge sogar beim Fliegen mit sich herum! Das Kleine hat sich dicht an die Brust geklammert und wird treulich vor jedem Unfall behütet. Die Mutterliebe wohnt auch in den Geschöpfen der Nacht und bezeichnet sie als Werke des Meisters, vor dessen Auge die Nacht hell ist wie der Tag und der keine Finsternis kennt!

Nicht wenige Fledermausarten lieben vorzugsweise den Wald. Manche von ihnen kommen schon ziemlich früh in der Dämmerung zum Vorschein, andere erst später beim tieferen Dunkel. Einige Arten jagen droben in den Baumgipfeln, andere schwärmen drunten im Gebüsch und am Wege entlang. Wenn beim Vorrücken der Nacht oder bei feuchtem

Wetter die Insekten sich mehr nach der Tiefe ziehen, folgen ihnen auch die Fledermäuse, ihre Vertilger, dorthin.

Die große Fledermaus (Vespertilio murinus) ist die kräftigste von allen unseren einheimischen Arten, sie klaftert bis 36,5 Zentimeter. Auffallend durch ihre langen Ohren ist die langohrige Fledermaus (V. auritus). Kenntlich an der gefransten Schwanzflughaut ist die gefranste Fledermaus (V. Nattereri). Spät am Abend und in ziemlicher Höhe fliegt an Waldrändern hin die spätfliegende Fledermaus (V. serotinus); sie verzehrt mit Vorliebe Maikäfer, die sie im Fluge verspeist, so daß man das Knistern und Knastern des durch die scharfen Zähne zermalmten Maikäfers hören kann.

Die gemeine Nachtschwalbe.

Nur selten vernimmst du einen Laut bei dieser unermüdlichen Jagd, trotz der Stille der Nacht! Das leise Zwitschern, welches du hörst, kommt von den Mäusen und Spitzmäusen drunten im Gebüsch, die hervorschlüpfen und sich necken. Aber horch! was ist das für ein sonderbares Summen und Schnurren? Es klingt ganz so, als ob eine Katze am Wege säße und gemütlich ihr Lied spönne! Ist es ein Waldkater, der auf dem Baumast kauert und sich behaglich fühlt in der Waldeinsamkeit? Nein, Wildkatzen sind sehr selten und viel zu scheu, als daß sie uns nahe kommen ließen! Das sonderbare Spinnen ist das drollige Nachtlied der Nachtschwalbe (Caprimulgus europaeus), desselben Vogels, den man auch Ziegenmelker oder Nachtschatten nennt. Dort sitzt er auf dem freiragenden Zweige; jetzt fliegt er auf, lautlos, aber gewandt, und schnappt den vorüberfliegenden Nachtschmetterling weg. Wie eine Tagschwalbe schwenkt der Nachtschatten geschickt und schnell um die Büsche und kehrt dann nach seinem Lieblingsplätzchen auf dem

Zweige zurück. Dort schnurrt er wieder ein Stückchen. Beim Beginn der Nacht macht er zunächst nur kurze Ausflüge; je weiter die Nacht vorrückt, desto anhaltender jagt er. Wir sehen ihn zwischen den dichten Gezweigen hindurchstreifen, ohne anzustoßen; links und rechts wendet er sich, ohne daß ein Flügelschlag oder sonst ein Laut zu vernehmen wäre. Jetzt hält er in sonderbarer Weise rüttelnd an derselben Stelle ziemlich hoch in der Luft still und stürzt dann wie ein Pfeil herab, um drunten den Käfer wegzufangen. Er schluckt das Tier lebendig hinunter trotz alles Krabbelns und Sträubens. In seinem Magen stirbt es bald, die Flügeldecken, Beine und Hautpanzer werden am nächsten Tage von dem Vogel als rundliche Ballen auf seinem Ruheplatze ausgespieen. Von den großen Nachtschmetterlingen streift er die widerspenstigen Flügel ab, da für diese seine große Mundöffnung doch nicht weit genug ist. Beim Fange kleinerer Insekten kommen ihm die feinen Bartborsten neben dem winzig kleinen Schnabel gut zu statten. Der letztere hat bei der Jagd fast gar nichts zu tun, so wenig wie die schwachen dünnen Füßchen.

Wir sind vordem bei Tage wohl vielmals hier im Walde gewesen, haben aber nicht ein einziges Mal eine Nachtschwalbe entdeckt. Sie ist, wie viele nächtliche Tiere, bei Tage durch ihre Farbe geschützt. Ihr weiches eulenartiges Gefieder ist braun und zeigt, in der Nähe betrachtet, gar mannigfache, allerliebste Zeichnungen. Von fern ab erscheint es völlig dem braunen Waldboden oder der mit Flechten bedeckten Baumrinde ähnlich. Der Vogel sitzt bei Tage still zwischen dem Gestein und dem braunen, abgefallenen Laube. Ein andermal drückt er sich auch wohl der Länge nach an einen Baumast in der schattigen Krone, und du kannst sehr nahe an ihm vorbeikommen, ohne ihn zu bemerken. Er rührt sich nicht, höchstens blinzelt er ein klein wenig mit den Augen, um dich zu beobachten. Entdeckst du ihn aber doch und streckst die Hand nach ihm aus — husch! ist er mit einigen Flügelschlägen hinweg in den Busch und hat sich dort zwischen Laub und Wurzelwerk so verkrochen, daß du, trotz alles Suchens, ihn schwerlich wiederfinden wirst.

Seine zwei Eier legt der Nachtschatten ohne weiteren Nestbau in eine Vertiefung des Waldbodens. Sie sind grau mit verwaschenen dunklen Flecken und werden von ihm 18 Tage lang bebrütet. Die Jungen sehen abschreckend aus. Kommt ein Kind ihnen nahe, so schauen sie es mit den großen dunklen Augen wild und unheimlich an und sperren zischend den breiten Rachen weit auf, als wollten sie beißen. Das Kind braucht sich aber nicht vor ihnen zu fürchten, sie können weder beißen noch kratzen, sondern nur ein schlimmes Gesicht machen.

Unser wohlgeebneter Pfad führt zur Klosterruine, die tief im Waldgrunde liegt. Mancher Abergläubische würde sich fürchten, uns zu begleiten. Er würde uns von Geisterspuk und Gespenstern an jenem Orte erzählen. Früher suchte zu schlimmer Kriegszeit mancher dort einen sicheren Versteck, und nachmals grub auch wohl der und jener bei nächtlicher Weile nach Schätzen, die er daselbst verborgen wähnte.

Der Uhu.

Wir wollen jene Gespenster uns etwas genauer besehen und wenigstens einige geistige Schätze, mancherlei neue Erkenntnis, dort sammeln.

Noch sind wir ziemlich entfernt von dem vielbesprochenen Platze, und schon hören wir ein klägliches Geschrei von dorther. Es jammert und stöhnt, es wimmert und klagt, als ob ein Mensch zu Tode gemartert würde. Du zögerst weiterzugehen; gruselt es dir? Ich glaub's wohl, aber sei ohne Sorge, es widerfährt dir kein Leids. Eulen singen nur ihr schönstes Nachtliedchen dort und meinen vielleicht wunder, wie lieblich sie's machen. Den ganzen langen Tag über saßen sie im zerfallenen Gemäuer oder im hohlen Baum, wieder andere im Felsgeklüft. Jetzt zur Dämmerzeit, da die Herrschaft des blassen Mondes beginnt, fängt der Eulentag an. Da kommt das kleine Käuzchen (Strix aluco) hervorgehuscht und ruft sein „Komm mit!" das ehemals die Abergläubischen schreckte und ihm den Namen Totenvogel oder Leichhuhn verschaffte. Es erscheint ferner die Zwergeule (Glaucidium passerinum), die nur die

Größe einer Wachtel erreicht, aber sehr selten ist, dann die Schleiereule (Strix flammea) und die mit Ohrbüscheln gezierte Sumpfohreule (Strix brachyotus).

Auch alle Eulen haben, wie die Nachtschwalbe, ein höchst weiches Gefieder. Die Färbung der Federn ist bei den meisten braun oder grau, hier und da gelblich oder weißlich. Sie werden dadurch selbst bei Tage leicht übersehen, wenn sie bewegungslos in einer Felskluft, in

Die Schleiereule am Nest.

einer Baumhöhlung oder an einen Baumast gedrückt still sitzen. Bei einzelnen Arten, wie z. B. bei der häufig vorkommenden Schleiereule, zeigt das Gefieder bei genauer Betrachtung reizende Zeichnungen. Es ist oben hellaschgrau, unten dunkelrostgelb und mit zahlreichen dunkelbraunen Flecken übersäet. Die Flügel der Eulen sind abgerundet. Der Außenrand der Fahnen an den Schwingfedern derselben ist nicht hart und fest geschlossen, wie bei den anderen Vögeln, sondern sägeartig zerschlitzt. Die Fasern lassen die Luft zwischendurch entweichen; es entsteht deshalb beim Flügelschlag der Eulen nicht der geringste Schall, sondern sie fliegen völlig geräuschlos. So überraschen sie ihre Beute, ehe diese ihr Nahen hört. Die kleineren Eulenarten schont der Jäger als höchst nützliche Tiere, denn sie verspeisen Käfer, Nachtschmetterlinge und zahllose Waldmäuse. Am wichtigsten für den Landwirt und Forstmann erscheint unter den einheimischen Eulenarten der Waldkauz (Strix aluco), da derselbe außerordentlich viel Käfer, außerdem noch Maulwürfe und Mäuse vertilgt. Die Schleiereule (Strix flammea) macht am meisten Jagd auf Spitzmäuse. Sonderbar ist es, daß diese Eule sich nicht selten in Taubenschlägen einnistet und daselbst ihre Jungen mitten unter den Tauben groß zieht, ohne weder diesen noch deren Jungen das mindeste Leid zuzufügen. Sie soll für dergleichen Taubenschläge im Gegenteil dadurch zum Vorteil werden, daß sie die Ratten in denselben wegfängt, welche sonst die jungen Tauben gern überfallen und fressen. Die größeren Eulenarten ergreifen freilich mitunter ein armes Vöglein, das schlafend im Busch oder auf dem Neste sitzt, und die schlimmste und stärkste der einheimischen Eulen, der Uhu (Bubo maximus), fällt als echter Räuber Waldhühner, Hasen, Kaninchen, ja selbst Rehkälbchen an und zerfleischt sie. Glücklicherweise ist er nur selten und bloß in den wildesten und unzugänglichsten Waldschluchten der Gebirge zu finden. Dort jagt er zur Paarzeit mit seinesgleichen bei nächtlicher Weile durch den Wald und schreit in grausigster Weise dazu. Ein langgedehntes „Puhu" schallt dumpf und hohl, aber laut durch die Schlucht — dann hört man es pfauchen und knacken, dann wieder tönt es wie Hohngelächter, wie wildes Jauchzen und Hundegekläff. Das ist der wilde Jäger der Sage, der durch den Wald fährt. Sieht dann der einsame Wanderer die zwei Fuß großen Tiere mit feurig leuchtenden Augen sich jagen und durch die Büsche fahren, hört er das klagende Gewimmer der kleineren Eulen dazu, so mag's ihm grausig genug zumute werden, obschon ihm für seine Person weiter keine Gefahr droht.

Trotz der Schädlichkeit des Uhus schont ihn der Jäger doch wie ein Kleinod. Er späht gern das verborgene Nest aus, das gewöhnlich an schwer zugänglicher Stelle einer Felswand ist und aus vielen aufeinander geschichteten Reisern besteht. Dorthin legt der Uhu zwei bis drei rauhschalige, kugeligrunde Eier von rein weißer Farbe; dort brütet er seine Jungen aus, gewöhnlich nur zwei. Diese gleichen anfänglich weißen Wollklumpen und geben ihren Heißhunger durch Zischen und helles Pfeifen zu erkennen. Die Alten versorgen sie mit reichlichem Futter, aber noch ehe sie flügge werden, was nach sechs Wochen geschieht, unternimmt es der Jäger, sie wegzuholen. Es gehört ein herzhafter Mann dazu, dem Uhu seine Kinder zu rauben. Der alte Uhu sitzt bei dem Neste und sieht den Räuber gar grimmig an. Er pfaucht und knappt mit dem großen krummen Schnabel, erhebt ein Bein nach dem anderen und zeigt seinem Gegner die 5 cm langen scharfen Krallen, neigt den Kopf hin und her und zwinkt mit den Augenlidern. Die großen, gelbroten Augen sprühen Blitze, ja er fährt in der Wut wohl gar auf seinen Feind los. Trotzdem nimmt ihm der Jäger die Jungen, füttert sie daheim vollends auf und benutzt sie später zur Krähenhütte.

Eine solche Hütte richtet der Jäger an hochgelegener Stelle ein, um die Raubvögel zu schießen. Er gräbt ein Loch in die Erde und deckt Rasen darüber, an den Seiten bringt er Schießlöcher an. Vor der Hütte setzt er den Uhu, durch eine Kette am Fuß gefesselt, auf eine Stange, und wenn nun von allen Seiten Krähen, Elstern, Raben, Falken, Weihen, Sperber, Habichte, ja selbst Adler herbeikommen, um den verhaßten Uhu zu rupfen, so schießt der Jäger aus seinem Versteck einen schädlichen Burschen nach dem anderen hinweg. So lohnt ihm der Uhu als Lockvogel den Schaden zehnfach wieder, den er ihm im Walde am Wildstand einst angerichtet hat.

Die anderen Eulen, werden wie gesagt, vom Jäger ebenfalls geschont. In der Ruine, bei welcher wir inzwischen angelangt sind, nisten ihrer mehrere, und beim hellen Mondschein können wir ihr nächtliches Treiben belauschen. Soeben kommt eine Schleiereule lautlos wie ein Schatten daher geschwebt und bringt eine gefangene Maus. Gewiß hat sie Junge droben im Loch des zerfallenen Turmes, die hungrig auf Speise warten. Kaum ist sie zu ihnen gehuscht, so erscheint sie auch wieder und fliegt von neuem zur Jagd aus. Ein Beobachter fand einst bei einem Eulennest 15 Mäuse als Vorrat liegen. Zu solcher Nachtjagd ist die Eule wie geschaffen. Ihr großes Auge sieht im Dämmerlicht noch sehr genau, wenn unser Blick längst nichts mehr zu erkennen vermag. Bei Tage wird es durch das starke Sonnenlicht geblendet und, wie es scheint, schmerzlich berührt. Die Pupille im Auge, das schwarze Sehloch verengert sich dann wie beim Katzenauge zu einer schmalen Spalte, und die im Augenwinkel liegende weiße Nickhaut zieht sich in rascher Folge gleich einem weißen Vorhange über dasselbe. Anders dagegen erscheint das Eulenauge beim Eintritt der Dämmerung. Die Nickhaut bleibt dann unbenutzt zurück, die Pupille wird groß und rund und leuchtet in gelbgrünem Feuer.

Rings um jedes Auge steht ein Kranz strahlenförmig gestellter Federn; dies ist der sogenannte Schleier, der dem Tiere den Namen verschaffte. Ebenso vortrefflich ist die Einrichtung des Eulenohres. Die emporstehenden Federbüschel auf dem Kopfe des Uhus haben mit den Ohren nichts zu tun, letztere sind an den Seiten des Kopfes. Bei Tage ist die sehr große Ohröffnung fest geschlossen, damit das Gehör nicht durch den Lärm des Tages schmerzlich berührt oder abgestumpft werde; zur Nachtzeit aber öffnet die Eule die weiten Ohrlappen und vernimmt nun das leiseste Geräusch im Walde, das uns völlig verborgen bleibt. Rings sind die Ohrlappen auch noch mit eigentümlich gebildeten strahlenförmigen Federn umgeben, die beim Öffnen der ersteren den äußeren Umfang derselben bedeutend vermehren und die Feinheit des Gehörs außerordentlich steigern. Es ist sehr wahrscheinlich, daß die Eule die Maus im Grase laufen hört.

Während des Winters bleiben die meisten Eulen bei uns, da ihre Flügel sie zu weiten Wanderungen weniger geschickt machen. Ist die Kälte sehr grimmig, so halten sie sich still in ihren geschützten Schlupfwinkeln. Sie vermögen wie die meisten Raubtiere, eine geraume Zeit zu hungern. Wird es etwas milder, so kommen sie hervor, um zu jagen, denn Mäuse und mancherlei kleine Vögel fehlen ja bei uns auch im Winter nicht.

Das Treiben der Nachttiere im Walde ist für uns vielfach ein fremdartiges; das Aussehen jener Vögel, ihr Geschrei und ihr ganzes Wesen muten uns, die wir Freunde des Tageslichtes sind, sogar unheimlich an — allein das Leben der Nachtgeschöpfe ist in seiner Weise ebenso vollendet und weise geordnet wie jenes der Tagesgeschöpfe. Auch die dunkle Nacht verkündet die Werke des Herrn, dessen Auge nie ruht, der, für alle sorgend, nie schlummert und schläft.

8.

Der Weihnachtsbaum und seine Verwandten.

> Es ist ein Bäumlein gestanden im Wald
> Bei gutem und schlechtem Wetter,
> Das hat von unten bis oben
> Nur Nadeln gehabt statt Blätter;
> Alle anderen Bäume lachen's aus,
> Das Bäumlein macht sich aber nichts daraus!
>
> Rückert.

Es ist heute vierter Advent. Weihnachten ist vor der Tür! St. Nikolaus und der Knecht Ruprecht haben sich schon mehrmals bemerklich gemacht, Walnüsse und Haselnüsse sind abends zur Tür hereingepoltert oder durchs Fenster geflogen. Wir wollen uns heute ein Fest machen und den Lichterbaum aus dem Walde holen. Dabei werden wir Gelegenheit haben, auch seine Vettern kennen zu lernen. Es ist eine gar liebe Familie, trotz ihrer Nadeln! Das Wetter ist prächtig. Die Luft streicht zwar frisch, doch nicht grimmig. Reif überzieht den Rasen und behängt das Gezweig der Birke, das Spinngewebe und die vertrockneten Grashalme mit Silbersternen. Das funkelt alles im Licht der Morgensonne, als seien es Edelsteine. So wandern wir warm gekleidet von Hause. Die kleinen Geschwister schlafen noch; ich denke: sie werden vom Weihnachtsbaum träumen, den wir heimlich für sie holen!

Eine Strecke marschieren wir auf der Landstraße entlang, links haben wir das weite ebene Land, rechts und vor uns die bewaldeten Berge. Wir haben Zeit vollauf, uns alles mit Behagen zu betrachten.

Kahl steht der Laubwald! An den Eichen und einigen Weißbuchenbüschen hängen verschrumpft die braunen Blätter. Weit hinter ihnen schauen die höheren Bergspitzen hervor. Sie haben die Wintermützen aus Schnee schon tief über die Häupter gezogen. Nichts ringsum hat Farbe außer dem Nadelwald; das ist ein braver Gesell, der selbst im Winter noch frisch steht. Du siehst vorn, der Straße zunächst, den graugrünen Kiefernhain. Weiter hinten blicken die Edeltannen hervor, und dort tief im Tale ragen die Fichten. Wir werden sie alle der Reihe nach besuchen.

Jetzt schlagen wir den Fußpfad ein, der uns rechts über das Heideland nach dem Kiefernwald führt. Er bildet eine prächtige Halle. Hei, wie das in ihm schallt, und wie uns der Harzgeruch so duftig entgegenströmt! Die hohen schlanken Stämme stehen so regelmäßig wie die Säulen in einer Kirche. Manche von ihnen haben eine bedeutende Dicke. Sieh, dieser hier mag wohl einen Meter im Durchmesser haben, und seine Höhe schätze ich auf 25 Meter. Am unteren Teile sehen die Stämme grau aus und sind mit mancherlei Flechten und Goldmooshäufchen bedeckt. Wir könnten die kleinen Gäste der Kiefer leicht ablösen, denn die Borke ist schilfig und blättert von selbst los. Oben werden die Stämme rötlich, als seien sie alle vom Morgenrot angehaucht.

Der Boden hat eine weiche Decke von Moos. Abgefallene Nadeln und reife Kiefernzapfen liegen in Menge umher. Wenn wir Zeit haben, wollen wir im Sommer alle hierher gehen und Krieg spielen. Die Zapfen sind vortreffliche Kugeln, fliegen prächtig und schießen den Kopf nicht entzwei. Da, wirf einen hinauf, ob du den ersten Ast wohl triffst! Ich glaub's kaum. — Die Kiefer läßt die unteren Äste verdorren, wenn sie höher wächst. Die armen Leute können sich ein warmes Stübchen damit machen; hoch droben baut die Kiefer neue Äste, welche fast wagerecht abstehen und eine halbkugelige Krone bilden. Von den Hauptästen zweigen sich kleine und wieder kleinere ab und tragen die starren langen Nadeln. Dann bekommt der Baum einen tüchtigen Struppkopf und sieht ziemlich trotzig Wind und Wetter entgegen.

Astbildung der Kiefer.

Weißt du es schon, daß die Kiefer der Großvater alles Peches ist — selbst des Burgunderpe hes? Du siehst hier am Stamme den langen weißen Streifen. Oben, wo er anfängt, hat der Baum einen Zweig verloren oder auf andere Weise eine Wunde erhalten. Anstatt Blut ist kieniger Saft ausgeflossen und an der Luft zu Harz eingetrocknet. In großen

Waldungen haut man absichtlich Wunden in eine Anzahl Stämme, und die Harzscharrer kratzen nachher das Harz ab und machen Pech daraus. Das Harz ist des Kienbaumes Kind, von ihm stammt das Pech, folglich ist die Kiefer dessen Großvater oder Großmutter!

Aber auch Teer und Ruß werden aus dem Harze und den kienigen Holzstücken gemacht. Alle die schwarzen Striche auf der Tapete in der Stube — ja die Buchstaben deines Buches — sind im Walde gewachsen!

Wollen wir die Nadeln der Kiefer ein wenig näher ansehen, so machen es uns die jungen Bäume an der Seite des Weges bequem.

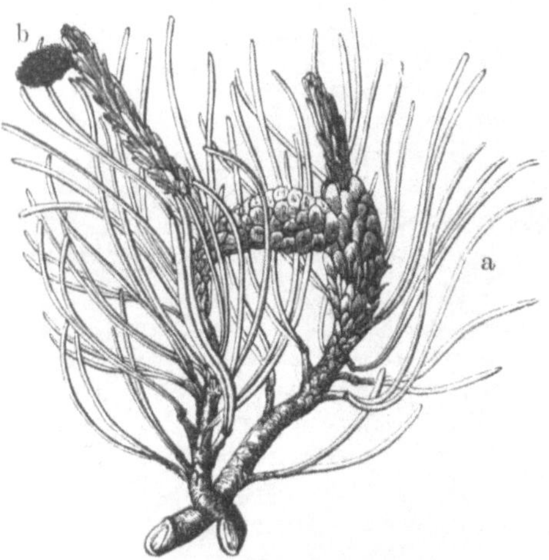

Ast der Kiefer mit Nadeln, Staubblüten a und Samenblüten b.

An der Spitze dieses Zweiges siehst du eine geschlossene Knospe. Sie ist von braunen Schuppen umhüllt. Unter der schützenden Decke liegt bereits der junge Zweig vollständig vorbereitet. Er wartet nur auf den Ruf des Kuckucks, um sich zu strecken. Das Stück Ast, welches vom nächsten Stammknoten bis zu dieser Knospe führt — das ist die Arbeit des verflossenen Jahres. Der Ast ist ringsum mit Nadeln besetzt, und um den Stammknoten stehen andere Zweige gleich einem Quirl umher.

Die Nadeln der Kiefer sind fingerlang, stehen stets zu zwei bei einander und sind am Grunde von einem weißen Häutchen umschlossen. Sehr kurios sieht es aus, wenn im Frühjahr die jungen Nadeln hervorkommen. Ihre hellgrünen Spitzen gucken neugierig aus den langen Hautscheiden hervor, die ihr Winterkleid bildeten und auch im Frühjahr noch ein gut Stück mit wachsen. Brichst du dann eine fingerlange Sprosse ab und zeigst sie einem Freunde aus der Stadt — wohl mancher möchte dir das Rätsel nicht lösen, wenn du ihn fragst: was das sei?

Aber an denselben Sprossen wirst du dann noch zweierlei andere Dinge bemerken. An einigen findest du zu unterst ringsum einen Büschel gelblicher Kugeln; klopfst du daran, so fliegt eine Wolke hellgelber Staub heraus. Da hast du den Schwefelregen, von dem man ehedem so viel Wunderdinge erzählte und ihn als eine Vorbedeutung kommender schlimmer Zeiten ansah. Es ist der Blumenstaub der Kiefer, und die gelben Kugeln sind ihre Staubblütenhäufchen. Jede derselben hat an ihrem Grunde einige sehr feine Blättchen, in der Mitte ein Stielchen und rings um dieses eine ganze Menge Staubgefäße, die aus Längsspalten den Blumenstaub ausstreuen.

An anderen Sprossen wirst du in der Nähe der Spitze auf einem gebogenen kurzen Halse ein purpurrotes Köpfchen hervorschauen sehen, etwa so groß wie eine Erbse. Manchmal sind deren auch zwei oder noch mehr vorhanden. Das sind die Samenblüten, welche später zu Zapfenfrüchten werden. Sie tragen an einer Mittelsäule ringsum weiche fleischige Schüppchen. Jede derselben hat an ihrem Grunde die Anfänge von zwei Samen, welche später Flügel zur Weiterreise erhalten, sobald sie reif werden. — Aber alles dies ist, wie gesagt, nur im Frühjahr zu sehen, jetzt im Winter schlafen sie verborgen in den geschlossenen Knospen. Die Fruchtzapfen des vorigen Jahres hängen aber noch hier am oberen Ende der Zweige. Sie stehen wagerecht ab, sehen grün aus und strotzen von Harzsaft. Lösen wir von einem derselben eine Schuppe ab, so finden wir richtig auch die zwei Samenkörnchen an ihrem Grunde, jedes ungefähr so groß wie ein Hirsekorn.

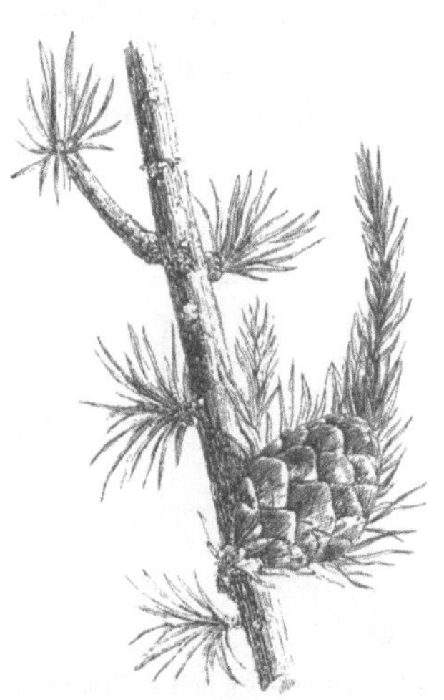
Ein Lärchenzweig; links die Nadeln in Büscheln, rechts einzeln am Sprossen. Am Grunde des letzteren ein Samenzapfen.

Beide haben auch schon ihre Flügel. Reif werden sie erst im nächsten Sommer. So trägt die Kiefer denn Blüten und Früchte zu gleicher Zeit, denn erst im dritten Jahre fallen die aufgesprungenen Zapfen herab, nachdem sie hart und holzig geworden.

Das zweite Glied des Stammes, von oben abwärts gerechnet, ward vor zwei Jahren gebildet. Da, wo es mit dem vorjährigen zusammenstößt, hängt noch eine Anzahl Zapfen, die ihrer Reife entgegengehen.

Auch dieses zweijährige Stück hat noch Nadeln. Am dreijährigen hat sich schon eine Anzahl der letzteren abgelöst und ist zu Boden gefallen. Du siehst noch deutlich die Narben, welche sie zurückließen. Bei unseren Laubhölzern fällt das Blatt ab, nachdem es ein Sommerhalbjahr durchlebt hat; die Nadeln der meisten zapfentragenden Bäume dauern dagegen mehrere Jahre aus.

Wir treten aus dem Kiefernwalde hinaus auf eine Lichtung. Der Weg führt einen mäßig hohen Bergzug hinan, dessen Seite teilweise mit Lärchen (Larix europaea) bestanden ist.

Schon aus der Ferne macht sich der Lärchenwald im Winter durch den gelblichgrünen Schein seines Gezweiges kenntlich, im Sommer durch sein helles Grün. Die Lärche ist auch ein Nadelholzbaum, allein sie verliert im Herbste ihre Nadeln. So steht sie zwar jetzt kahl, sieht aber trotzdem ganz nett aus. Von den stärkeren Ästen hängen eine Menge zarter dünner Zweige herunter und tragen kleine kugelige Zapfen, als seien es Schnüre mit Perlen. An diesen Zweigen siehst du in regelmäßigen Abständen kleine Holzwarzen. Hier kommen im Frühjahre die weichen Nadeln hervor, die kaum ein Fingerglied lang werden. Sie stehen an den zweijährigen Ästen in Büscheln, an den jungen Sprossen dagegen kommen sie ringsum einzeln zum Vorschein. Die Pflanzenkundigen betrachten deshalb jene Büschelchen als verkümmerte Zweige. Im Monat Mai hat der Lärchenwald ein wunderschönes Aussehen, dann stehen zwischen dem freundlich grünen Blattwerk die gelben Staubblütenköpfchen und die purpurroten kugeligen Samenblüten.

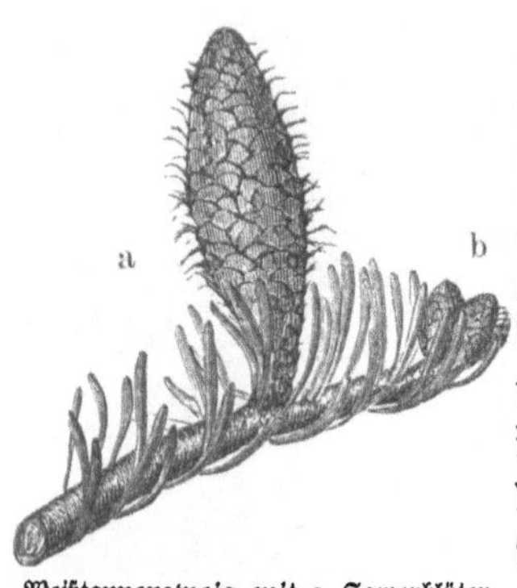

Weißtannenzweig mit a Samenblüten und b Staubblüten.

In solchen Gegenden, in denen große Lärchenwälder vorhanden sind, gewinnt man den sogenannten venezianischen Terpentin. Man bohrt im Frühjahre am Grunde des Baumes ein Loch in den Stamm, etwa so groß, daß man zwei Finger hineinstecken kann. Dann verschließt man es durch einen Holzpflock. In der Höhlung sammelt sich der Terpentin an und wird im Herbst mit einem Eisen herausgeschabt.

Im Nadelholzwalde.

Wir sind auf der Höhe des Bergrückens angelangt und sehen hinein in ein prächtiges Waldtal. Unten fließt zwischen Steinblöcken ein schäumender Bergbach. An der linken Talseite dicht vor uns beginnt Tannenwald, drüben an den Felsen hinauf klettern mächtige Fichten. Dort wollen wir hin.

Der Weg senkt sich zwischen Tannen (Abies alba, Edeltanne, Weißtanne) hinab. Prachtvolle Stämme, unten 1½ Meter dick! Drei Männer gehören dazu, sie zu umspannen. So steigen die herrlichen Säulen schnurgerade, hoch wie Kirchtürme empor. Sie sind über 30 Meter hoch! Die Äste stehen in regelmäßigen Quirlen, meist zu fünf. Sie breiten sich wagerecht aus und hängen mit ihrem Gezweig in sanften Bogen nach unten. Die Last zieht sie abwärts. Die jungen Äste der Bäume streben nach oben. Ein abgeschlagener Zweig liegt zu unseren Füßen. Die Nadeln sind an ihm ganz anders als an der Kiefer, kaum halb so lang wie bei dieser, oben glänzend dunkelgrün, an ihrer Spitze mit einem kleinen Einschnitt versehen. Auf der Unterseite derselben bemerkst du zwei weiße Streifen. An den meisten Zweigen stehen die flachen Nadeln regelmäßig in zwei wagerechten Reihen. Die Nebenzweige selbst breiten sich in derselben Weise aus, und das ganze Laubwerk bildet deshalb schöne glänzend grüne Schirme, welche unten in einem zarten Silberweiß schimmern.

Zweig der Edeltanne mit a Staubblüten und b Samenblüten.

Die Blüten würden wir im Frühjahre nur mit Mühe aus den Wipfeln der hohen Bäume erlangen können. Sie ähneln jenen der Kiefer, nur sind die Samenblüten viel größer, eirundlich walzenförmig und grün. Anfänglich stehen sie senkrecht empor, dann neigen sie sich abwärts, sobald die Samen zu reifen beginnen. Die Schuppen der Zapfen haben eine dünne Spitze, die sich zurückkrümmt.

Das Holz der Weißtanne hast du daheim im Zimmer längst schon gesehen, ohne es vielleicht zu wissen. Der Resonanzboden des Pianoforte ist stets aus Tannenholz gefertigt. Das Holz keines anderen Baumes gibt den Tönen des Instrumentes einen so weichen und schönen Klang.

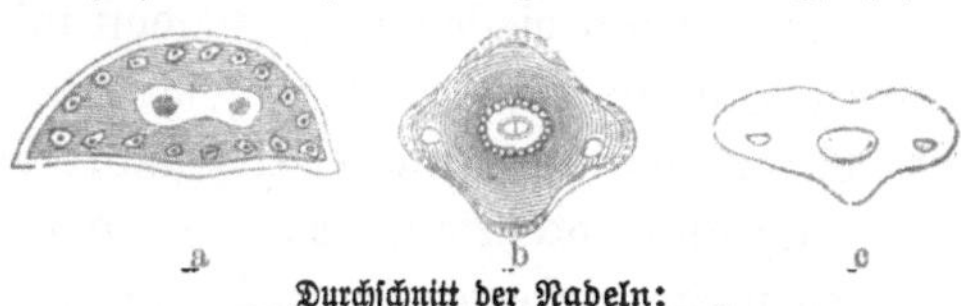

Durchschnitt der Nadeln:
a der Kiefer, b der Fichte, c der Weißtanne.

Manche Leute nehmen wohl junge Weißtannen zum Weihnachtsbaum, wir aber geben der Fichte (Picea excelsa, Rottanne, Schwarztanne) den Vorzug. Sie hat dichteres, volleres, den Ausputz des Baumes hebendes Zweigwerk und erscheint uns deshalb behaglicher.

Wir eilen über den Steg des Waldbachs hinüber zum Fichtenwald. Die Bäume haben mit ihren Wurzeln den Felsen umklammert und ragen hoch neben den Felswänden hinauf. Dort oben auf der vorspringenden Bergzacke steht noch ein Fichtenbaum mächtig und trotzig. Das Gezweig hängt voll und zottig nach allen Seiten herunter und berührt fast den Boden. Das ist ein herrlicher Mast für ein Seeschiff, stark, schlank und elastisch. Hier an dem steilen Bergabhange läßt man die Stämme hinabrutschen, die man droben gefällt. Hier poltern die Fichtenscheite zu Tausenden hinunter. Drunten wirft man sie in den Bach, und wenn die hemmende Schleuse geöffnet wird, welche sein Wasser aufstaut, eilen die Scheite zu Tale, hin nach den Städten. Dort fängt man sie auf und benutzt sie als Brennholz.

Fichtenzweig mit Zapfen.

Die Stämme schafft man zum Flusse und bindet sie zu einer Flöße zusammen. Als Bauholz sind sie vortrefflich. Harz liefern die Fichten ebenso wie die Edeltannen und Kiefern. Ihre Nadeln weichen von denen der anderen auffallend ab. Sie stehen stets rings um die Zweige, sind spitz und fast vierkantig. Schneiden wir die Nadeln der drei wintergrünen Bäume quer durch, so zeigt die Schnittfläche bei der Fichte ein Viereck, bei der Kiefer einen Halbkreis, bei der Weißtanne hat sie eine flach ausgebreitete Gestalt. Bei der Fichte fallen die Nadeln erst im sechsten oder siebenten, bei der Weißtanne gar erst im achten bis zehnten Jahre ab. Die Kronen beider Bäume erscheinen deshalb viel dichter belaubt als bei der Kiefer.

Die Staubblüten und Samenblüten der Fichte sind ähnlich wie bei ihren Geschwistern, der Tanne und Kiefer. Die Samenblüten sehen wegen ihrer purpurroten Färbung wunderbar schön aus, zumal da zur Blütezeit im Mai die hervorsprossenden hellgrünen jungen Zweige dem Baume schon ein buntes, lustiges Aussehen verleihen. Die handlangen, glatten, walzenförmigen Zapfen liegen in Menge auf unserem Fußpfade. Viele sind von den Eichhörnchen ganz zerbissen. Den Kreuzschnäbeln bieten die Samen ebenfalls eine reichliche Kost und machen es dem interessanten Vogel möglich, im Winter seine Jungen groß zu füttern, da er gerade dann die meiste Speise für sie hat. Es ist ein lustiges Zwitschern droben in den Zweigen, ein Völkchen Tannenmeisen jagt und neckt sich, einzelne, als Wintergäste zurückgebliebene Finken rufen, und der Bussard, der auf der höchsten Fichte horstet, läßt sich vernehmen.

An der verlassenen Stätte des Kohlenbrenners vorbei gelangen wir endlich zur Wohnung des Försters. Siehe, da kommt uns der bärtige Mann schon freundlich entgegen! Er merkt, was wir wünschen. Seine Knechte haben hinreichende Vorräte von hübschen Bäumchen geschlagen, um sie nach der Stadt zu verfahren; davon können wir uns eins der schönsten aussuchen.

Wie werden die Geschwister daheim sich freuen, wenn sie den schönen Baum auf dem Tische sehen, mit Lichten, Goldäpfeln und Zuckerwerk aufgeputzt! Aber die Samenzapfen lassen wir auch daran. Sie können in der regelmäßigen Stellung ihrer braunen Schuppen uns noch mancherlei Belehrung gewähren. Dann, wenn sich die erste Freude der Christbescherung gelegt hat, wollen wir denen daheim erzählen, wie es aussieht draußen im Nadelwald, in der Heimat des Weihnachtsbaumes.

9.

Buchdrucker im Walde.

Und's Würmlein — aus dem Ei erwacht's
Nach langem Schlaf im Winterhaus;
Es streckt sich, sperrt sein Mäulchen auf
Und reibt die blöden Augen aus.
Hebel.

Unter allen Bäumen des Waldes wird dir doch wohl der Fichtenbaum der liebste sein. Du denkst an den Jubel zur Christzeit, als er im Glanze der Wachslichter strahlte und seine Zweige von tausend Herrlichkeiten sich niederbogen. Du kennst aber auch die Pracht, welche er im Walde gewährt, wenn er voll von purpurroten Blüten steht, das dunklere Grün mit den jungen Sprossen hell durchwirkt, oder wenn sich seine zottigen Äste von der Last reifer Zapfen herabneigen und das Eichkätzchen sein Kunststückchen darauf ausführt. Der Fichtenbaum ist dir ein lieber, vertrauter Gesell, es wird dir deshalb gewiß interessant sein, zu hören, daß dein alter Freund draußen im Walde auch zuzeiten schwere Leiden auszustehen hat, von denen du vielleicht bis heute noch nichts Näheres erfahren.

Der Fichtenbaum liebt vorzugsweise die Seiten der Gebirge; dort ragen seine prächtigen Stämme schnurgerade empor, wie die Säulen eines Tempels. Das grüne Gezweig bildet das reizende Dach, Vöglein halten Konzert dort — die Sonne vergoldet's! So bedeckten gegen das Ende des achtzehnten Jahrhunderts wundervolle Fichtenwälder auch die Täler und Höhen des Harzgebirges, der Jäger sah seine Lust daran, denn der Hochwald lebte von Rehen und Hirschen, der Köhler brannte Kohlen jahraus jahrein, andere fertigten Ruß, Pech und Teer, die Holzhauer trieben die regelmäßigen Schläge ab, und der fleißige Bergmann konnte aus der Erde Tiefen genug Silber, Eisen, Blei und andere Metalle zu Tage fördern, denn der Fichtenwald lieferte ihm hinreichend Zimmerholz zum Ausbau der Schachte und Stollen. So stand es noch im Jahre 1781. Aber wie sah es zwei Jahre später aus?

Die meilenlangen Forste waren zur Wüste geworden. Die dürren Nadeln der Fichten lagen am Boden, die wenigen alten Bäume, welche noch standen, waren rotgelb und fahl, ihre Rinde grau und saftleer. Die großen Wälder waren erstorben. Vögel und Wild zogen traurig fort, selbst der Schmetterling fand kein Plätzchen mehr, das für die künftigen Räupchen Futter genug geboten hätte. Die Äxte der Holzhauer erschallten wohl auch, aber das Holz der Bäume war nicht viel wert. Wenige Jahre nachher mußten zahlreiche Bergleute feiern, da das Zimmerholz fehlte; Rußbrenner, Harzscharrer und Pechsieder hatten Feierabend auf viele Jahre, denn es gehört ein Menschenalter dazu, ehe der Wald wieder hochstämmig wird. Im Jahre 1782 waren mehr als eine Million der ältesten und stärksten Fichten verdorrt und mußten abgeschlagen werden. Im Jahre darauf war es um das Doppelte schlimmer, so daß in diesen zwei Jahren am Harze über drei Millionen Bäume vertrocknet, abgestorben und umgehauen waren. Jeder Einwohner der großen Stadt London oder des ganzen Königreichs Sachsen hätte einen großen starken Fichtenbaum erhalten können, und es wären immer noch viele zum Verteilen übrig geblieben!

Du fragst mich, wer der Übeltäter war, welcher solch grenzenloses Unheil anrichtete, der die Bevölkerung ganzer Gegenden brotlos machte, indem er den Wald zerstörte und den grünen Tempel in eine trostlose Einöde verwandelte? — Ein winziges Käferchen war es und seine ebenso winzige Larve, die unter der Rinde verborgen lebte, klein und unscheinbar an Gestalt, aber furchtbar durch ihre Menge und durch die Art ihres Fraßes. Holzwurm nennt man wohl schlechthin die Larve, der Käfer führt sogar den hübschen Namen: der **Buchdrucker** (Bostrychus typographus). In welcher Weise dieser Waldverderber bei seiner schlimmen Arbeit verfährt, das laß dir erzählen!

Im Gebirge tobt und braust der Sturm zuzeiten viel ärger als im ebenen Lande, dort fällt auch der Schnee viel höher. Die Wurzeln der Fichten gehen wenig tief in die Erde, sie verbreiten sich mehr an der Oberfläche derselben. Lasten bedeutende Schneemassen auf dem Gezweige der Bäume, faßt der Wind ihr schwankendes Haupt und zaust es hin und her, so wird mancher alte Stamm umgeworfen und streckt die zerrissenen Wurzeln gen Himmel, halb von Moos und Erde bedeckt. Noch mehr Bäume werden bei solchen Gelegenheiten wenigstens in den Wurzeln gelockert; sie vermögen in den nächsten Jahren nicht so kräftig größere Mengen von Saft aus dem Boden zu ziehen, und der Nahrungsstrom, welcher im Baste, zwischen Rinde und Holz, im Stamme hinauf seinen Weg nimmt, ist nur mäßig und stockend.

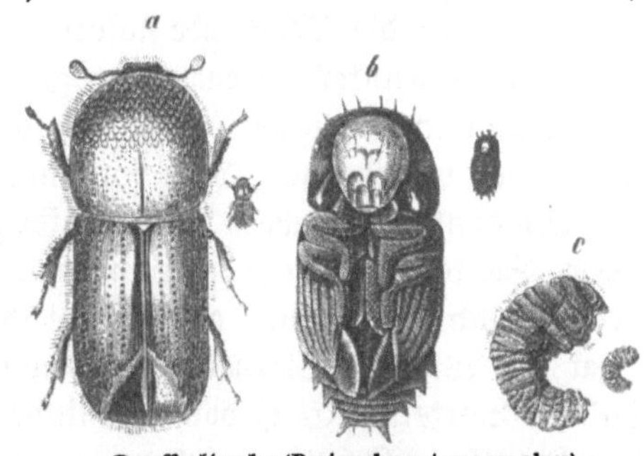

Der Buchdrucker (**Bostrychus typographus**). a Käfer. b Puppe. c Larve. Die Figur links ist stets vergrößert, rechts zeigt sie die natürliche Größe.

Solche Bäume sind es, die der Buchdrucker vor allem liebt, sowohl die gefallenen als auch die gelockerten. Bei ganz gesunden, kräftigen Stämmen ist ihm die Saftfülle hinderlich; die übergroße Menge von harzreichem Saft, welche ihm entgegenströmt, sobald er den Bast verletzt, droht ihn zu ersticken; er greift sie nur dann an, wenn er keine kränkelnden mehr antrifft. — In den ersten Tagen des Mai kommt das Käferchen aus seinem Winterverstecke zum Vorschein. Gewöhnlich verbringt es die schlimme Jahreszeit in der Rinde der Fichte vergraben, mitunter auch im Moos am Grunde der Bäume. Der kleine Gesell kriecht ziemlich langsam über die rauhen Schuppen der Rinde; wird das Wetter ja etwas kühl oder regnerisch, so verbirgt er sich sofort in einem Versteck und sitzt still. Nur wenn die Sonne recht warm herniederscheint und milde Luft weht, wird er wieder etwas lebendiger. Er ist etwa **4** Millimeter lang und gegen 2 Millimeter breit; dabei hat er eine völlig walzenförmige Gestalt. Der kleine kugelrunde Kopf ist unter dem Halsschild fast ganz versteckt, die Beine sind nur kurz und schwach, das Hinterteil des Körpers ist schief abgestutzt. Die Farbe des Tierchens wechselt. Manche Käfer sind hell strohgelb, andere bräunlich, noch andere schwarzbraun. Das ganze Geschöpf sieht so unscheinbar und harmlos aus, daß niemand ihm etwas Arges zutrauen möchte! — Ist das Wetter recht hübsch, so lüftet der kleine Buchdrucker seine Flügeldecken, breitet die feinen Flügel aus, die unter denselben verborgen liegen, und erhebt sich mit seinen Kameraden in die Luft, hoch hinauf, bis über die Wipfel der höchsten Fichten. Sind die Borkenkäfer bereits zahlreich im Walde, so bilden sie bei solcher Gelegenheit förmliche kleine Wolken und erinnern an die schwärmenden Bienen. Wird die schwirrende Käferwolke von einem Windstoß gefaßt, so wird sie mitunter meilenweit fortgetrieben und fällt zum Schrecken des Forstmanns vielleicht in einen Wald ein, in welchem bis dahin nur wenige der ungebetenen Gäste vorhanden waren.

Gewöhnlich vergnügen sich die Käfer nicht lange droben im Sonnenschein. Sie kehren bald zu den Stämmen der Fichte zurück. Dort wählen sie vorzüglich jene Stellen, an denen die Äste entspringen, mitunter auch sogar die Wipfel. Sie haben bei einer solchen Auswahl gleichzeitig mehrere Vorteile. Es ist dort die Rinde des Baumes nicht so dick; sie brauchen also nicht so tief zu bohren, wenn sie zum Baste gelangen wollen. An den Astquirlen ist ferner die Saftströmung nie so stark wie in den glatten Stammteilen, sie brauchen also weniger einen Erstickungstod durch das Harz zu befürchten, und endlich sind die Gipfel gewöhnlich auch mehr dem warmen Sonnenschein ausgesetzt, und die Käferbrut gedeiht dann am besten, freilich aber nicht am besten für uns.

Während die Buchdrucker so bedächtig nach einem passenden Plätzchen für ihre Niederlassung suchen, werden nicht wenige durch Raubinsekten weggeschnappt. Der gemeine Buntkäfer (Clerus formicarius, S. 71 Fig. 5) fällt wie ein Tiger über sie her und schleppt sie weg, um sie in Ruhe zu verzehren. Schnellfliegende Libellen schwirren blitzschnell aus der Luft hernieder wie Raubvögel und tragen manchen der Holzdiebe davon. Immer bleiben aber zum Verdruß des Forstmanns noch genug. Diese bohren sich in die Rinde an solchen Stellen ein, wo diese nicht sonderlich dick ist, gern im Schutze einer vorstehenden Schuppe. Mit ihren zwar kleinen, aber scharfen Freßzangen nagen sie ein Loch in die Borke, vollständig kreisrund, gerade so groß, daß der ganze Käfer hinein kann. Bei warmem Wetter arbeiten die

Tierchen rasch und stecken schon nach einer halben Stunde mit dem ganzen Körper in der Rinde; bei feuchtkalter Witterung brauchen sie dagegen wohl eine volle Woche dazu, ehe sie das Loch bis in die Nähe des Bastes verlängern. Vorzüglich ist es das Weibchen, welches diese Arbeit ausführt. Der Gang hat eine etwas aufsteigende Richtung, wodurch das Regenwasser am Eindringen verhindert wird und der hervorquellende Harzsaft freien Abzug gewinnt. Das Harz hängt späterhin nicht selten an solchen Stellen in langen Tropfen herab und verrät dem Förster die Gegenwart der kleinen Feinde.

Am hinteren Ende des Ganges, in der Nähe des Bastes, arbeitet das Weibchen ein Kämmerchen aus, geräumig genug, um mehrere Käfer aufzunehmen. Dies ist das Wohnstübchen der kleinen Leute. Dorthin marschiert nicht nur das Männchen, sondern manchmal spazieren so viele Borkenkäfer nach, daß die ganze Kammer mit samt dem Gange vollgestopft ist und die letzten schließlich wieder umkehren müssen. Für gewöhnlich wohnen in jeder Kammer aber nur ein Käfermännchen und ein Weibchen beisammen. Das letztere beginnt kurz darauf für seine Nachkommen zu sorgen. Es nagt einen senkrechten Gang in die Rinde, weit genug, daß es bequem darin fortlaufen kann; dies ist der sogenannte Muttergang. Ist der Baum saftarm, etwa ein umgestürzter oder wurzellockerer, so geht der Muttergang dicht am Baste entlang; strotzt der Baum aber noch in der Fülle seiner Kraft, so wird es für den Borkenkäfer lebensgefährlich, so viel vom Baste mit einem Male zu verletzen. Das Harz würde bald den Muttergang und das Kämmerchen füllen und den Minierer ersticken. Der Käfer führt deshalb in diesem Falle den Muttergang in einiger Entfernung vom Baste fort und nähert sich dem letzteren nur stellenweise; ebenso sorgt er durch neue Gänge nach außen für Fluchtröhren. Hat er eine ansehnliche Menge Bohrmehl losgearbeitet, so schiebt er dasselbe hinab in die Kammer und von dieser aus durch den Eingang ins Freie. An den Spinngeweben des Baumes hängt dann der feine Puder in ziemlicher Menge und verrät ebenfalls die Gegenwart der versteckten Arbeiter. — Während das Weibchen den Muttergang aushöhlt und dabei mit den Beinen nach dem Baste hin gerichtet sitzt, macht es links und rechts in regelmäßigen Entfernungen kleine Seitenhöhlungen. In jede derselben legt es ein Ei und klebt die Öffnungen mit Bohrmehl wieder fest zu. Solcher Eier soll es bis gegen 100 legen, manchmal auch mehr, mitunter aber auch nur 40 bis 60. Oft macht das Weibchen von der Kammer aus auch einen zweiten Muttergang senkrecht nach unten und setzt dort in gleicher Weise Eier ab. Hat es die letzteren sämtlich untergebracht, so ist der Zweck seines Lebens erfüllt. Die alten Käfer haben ihre Familie so gut versorgt, als es einem Käfer überhaupt möglich ist. Sie kriechen entweder in den Gängen noch eine Zeitlang matt und schläfrig hin und her und sterben dann, oder sie wagen sich noch einmal ins Freie hinaus und finden ihr Grab in den Blumen.

Aus den winzig kleinen Eiern schlüpfen nach wenigen Tagen Käferlarven, kleine weiße Würmchen, die nicht größer sind als ein Sandkörnchen. Kaum haben sie die Eischalen durchbrochen, so fangen sie auch an zu fressen, bei warmem Wetter schneller, bei kühlem langsamer. Sie schlüpfen im Finstern aus und bekommen auch, solange sie Larven sind, das Licht des Tages niemals zu sehen; ja, sie sterben sehr bald, wenn man etwa die Rinde abreißt und sie dem Sonnenstrahl aussetzt. In naßkalten Sommern gehen ihrer viele zugrunde, bei Wärme und Trockenheit werden sie dagegen nach einigen Wochen schon so groß, daß sie sich in Puppen verwandeln können. Jede Käferlarve (Holzwurm) frißt von dem Muttergange an, neben dem sie liegt, seitwärts, in der Nähe des Bastes fort. Je mehr sie frißt, desto größer wird sie, um so weiter macht sie auch ihren Gang. Dabei hüten sich die Geschwister sorgsam, einander zu nahe zu kommen. Die Gänge laufen wie Strahlen einer Sonne von dem Muttergange nach allen Seiten hin; kommt eines der Tiere auf den Gang eines Nachbars, so biegt es sofort wieder ab. Löst man ein Stück Fichtenrinde ab, in dem der Buchdrucker gearbeitet hat, so sieht man die hübschen Figuren, welche die Muttergänge mit ihren Strahlen darstellen. Man hat dieselben mit gedruckten verzierten Buchstaben verglichen und deshalb diesem schlimmen Patron den schönen Namen gegeben (s. S. 71 Fig. 1). — Am Ende des Larvenganges wird eine Erweiterung ausgefressen, dies wird die Wiege der Made, in welcher sie sich einpuppt. Je nach dem Wetter wird die ganze Entwickelung des Käfers vom Ei bis zum vollkommenen Käfer in 10 bis 16 Wochen vollendet. Die ausschlüpfenden Käfer bleiben zunächst noch eine Zeitlang in der Borke und fressen unregelmäßige Gänge aus, dann bohren sie sich ins Freie. Ist es noch Zeit genug im Jahre, so schwärmen sie und legen wiederum Eier, so daß mitunter in demselben Sommer zwei Bruten entstehen können. Ist dagegen das Wetter schon herbstlich rauh, so bleibt der Käfer im Baume bis zum nächsten Frühjahr; auch viele Larven der zweiten Brut dauern den Winter hindurch und kommen meist ohne Schaden davon.

Es wird im Fichtenwalde nie völlig an Borkenbohrkäfern fehlen. Sind ihrer nur wenige vorhanden, so richten sie auch keinen merklichen Schaden an, denn sie suchen dann, wie gesagt, nur diejenigen Bäume auf, welche umgebrochen oder krank sind. Folgen aber mehrere Jahre mit warmen, trockenen Sommern aufeinander, so vermehren sie sich ins Außerordentliche und finden dann nicht genug kranke Bäume zum Unterbringen ihrer Brut. Sie bohren dann auch in die gesündesten, schönsten Stämme ein, und wenn sie die alten Bäume von ihren Kameraden bereits besetzt finden, greifen sie schließlich selbst die jüngeren an.

Die Menge, in welcher sie an den einzelnen Bäumen vorkommen, geht dann ins Ungeheuere. Forstleute haben beispielsweise die Käfer auf abgerissenen Rindenstücken gezählt. An einem Stück von $1/3$ Meter Länge und $1/6$ Meter Breite fand man 30 Muttergänge, jeden mit zahlreichen Larvengängen. In einem zweiten Borkenstück, das eben so lang und doppelt so breit war, zählte man 1220 Larven und Puppen. An vier Fichten traf ein anderer Beobachter im Frühjahre 2300 Paar Käfer an und berechnete, daß deren Nachkommen bereits in demselben Sommer anderthalb Millionen betragen würden, völlig hinreichend, um 100 Bäume zu vernichten.

Sind so große Mengen von Larven in den Bäumen, so wird die Bastschicht völlig zerrissen. Da in ihr der Saft vom Boden nach den Zweigen strömt, so müssen letztere verdorren, sobald der Bast zerstört ist.

Der Forstmann ist mit diesen kleinen Holzdieben viel übler daran als bei den großen Raupen der Schmetterlinge und Blattwespen. Er merkt oft ihr Dasein erst, wenn es zu spät ist, d. h. wenn der Baum dürr wird. Als das hauptsächlichste Mittel, die schlimmen Gäste zu fangen, um ihrem Überhandnehmen vorzubeugen, bedient sich der Förster der Fangbäume. Hat er in seinem Reviere Bäume, die vom Winde umgeworfen worden sind, so benutzt er diese dazu; fehlt es daran, so nimmt er umgeschlagene andere Bäume dazu, die er nachher als Nutzholz oder zum Brennen verkauft. Diese Bäume legt er an verschiedenen Stellen des Waldes hin, besonders an sonnigen, trocknen Plätzchen, die der Käfer bevorzugt. Er legt sie auf Baumstümpfe oder untergeschobene Steinblöcke, damit sie nicht auf der Erde aufliegen. Nach diesen Fangbäumen ziehen sich die Käfer bald hin; ja wenn sie selbst angefangen haben, gesunde Stämme anzubohren, so gehen sie meist von denselben ab und siedeln sich auf den liegenden an. An letzteren kann der Forstmann bald erkennen, ob in seinem Walde dies Jahr viele Buchdrucker arbeiten oder nur wenige. Ist ersteres der Fall, so muß er zahlreiche Fangbäume durch den Forst verteilen, etwa auf 50 Schritt einen. Im Juni gilt es dann, die mit Käfern angefüllten Fangbäume rasch wegzuschaffen. Die Rinde wird von ihnen abgeschält und entweder verbrannt oder so an die Sonne gestellt, daß die Larven und Puppen vertrocknen.

Die Holzklaftern, welche während des Vorsommers im Walde stehen, vertreten ebenfalls für ihre Umgebung die Stelle der Fangbäume. Sie müssen deshalb auch abgefahren und entrindet werden, ehe die Käfer Zeit gewinnen, auszuschlüpfen und andere Bäume anzufallen.

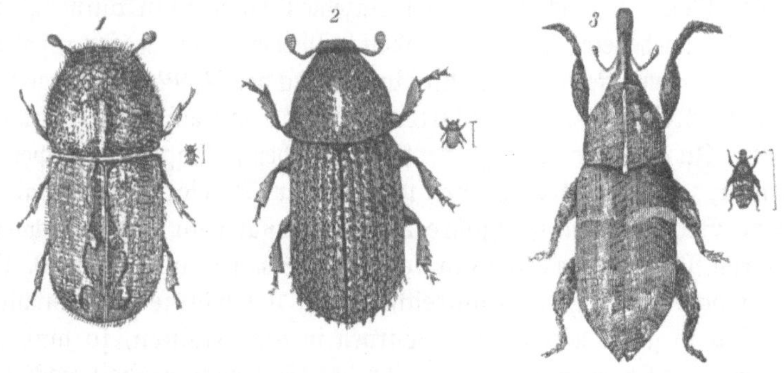

1 der Steindrucker (Bostrychus chalcographus): rechts natürliche Größe, links vergrößert. 2 gelbbrauner Bastkäfer (Hylesinus palliatus): rechts natürliche Größe, links vergrößert. 3 Harzer Rüsselkäfer (Pissodes Hercyniae): rechts natürliche Größe, links vergrößert.

Wie selten in der Welt ein Übel allein kommt, so gesellen sich auch zu dem Buchdrucker an der Fichte noch mancherlei Fachgenossen. Während er die stärkeren Stammteile für sich in Anspruch nimmt, siedelt sich sein Kollege, der Steindrucker (Bostrychus chalcographus, S. 71 Fig. 2), in den Ästen an, und seine Larven arbeiten im Baste Gänge aus, die wir wegen der Zeichnungen, welche sie darstellen, recht hübsch finden würden, wenn sie nicht für den Baum so verderblich wären. Ebenso treiben der gelbbraune Bastkäfer (Hylesinus palliatus, S. 71 Fig. 3) und der Harzer Rüsselkäfer (Pissodes Hercyniae, S. 71 Fig. 4) dort ihr Wesen. Die übrigen Glieder der Genossenschaft zählen wir nicht weiter auf. Sie sind fast alle so klein, daß der Käferforscher das Vergrößerungsglas zu Hilfe nehmen muß, um sie voneinander zu unterscheiden; alle miteinander lehren aber klar und deutlich genug die Wahrheit des Sprichworts: „Kleine Ursachen, große Wirkungen!"

10.

Am Wasserfall.

Vom Wasser kommt der Bäume Saft,
Befeuchtend gibt das Wasser Kraft
Aller Kreatur der Welt;
Vom Wasser wird das Aug' erhellt,
Wasser wäscht manche Seele rein,
Daß kein Engel mag lichter sein.
Wolfram von Eschenbach.

Lieber Reisegenoß, wir wandern heute miteinander Hand in Hand ein wenig hinauf in den schattigen Bergwald. Während wir den schmalen Pfad emporklimmen und die Häuser drunten im Tale immer kleiner und kleiner werden, will ich dir von dem berühmten Reisenden Barth erzählen, und wie es ihm in der Sahara erging.

Im Jahre 1850 hatte er sich einer Karawane angeschlossen und war bereits tief hinein in die große Wüste gezogen. Da trennte er sich eines Tages von seinen Gefährten, um einen zerklüfteten kahlen Bergzug zu untersuchen, der in der Nähe war, und verirrte sich. Der letzte Tropfen von dem warmen stinkenden Wasser, das er in einem Lederschlauche bei sich führte, war getrunken, und die Sonne glühte furchtbar und sengend auf den Armen herab. Nirgends war eine Quelle zu entdecken. Er vermochte nicht, das harte trockene Brot zu genießen — Wasser war sein einziger Wunsch. So wanderte er den ganzen Tag über Sand und Steingeröll und spähte umsonst nach seinen Kameraden, umsonst nach Wasser.

Die Sonne ging unter, und der Arme sank halb ohnmächtig nieder am Fuße eines vertrockneten Baumes. Die Anstrengung, die Sonnenglut, vor allem aber der Durst, hatten seine Kräfte gänzlich erschöpft, sein Haupt brannte in wilder Fieberglut, und mit Entsetzen dachte er an die verzehrende Sonne des folgenden Tages. Kein Schlaf erquickte ihn, die Qual des Durstes und das Fieber waren stärker als die Ermüdung. Da ging die Sonne wieder auf und zehrte an dem Gebein des Unglücklichen. Kaum hatte er noch so viel Kraft, daß er sein Haupt ein wenig weiter rückte, wie sich der Schatten des Stämmchens allmählich wendete. Zu Mittag war der letzte Schatten verschwunden. Dr. Barth erwartete seinen Tod, die glühende Luft spiegelte ihm Trugbilder vor. Er sah Wasserflächen vor sich wogen, ohne sie erreichen zu können; er glaubte in der Fieberglut das Rauschen eines Quelles zu hören, besaß aber nicht die Kraft, ein Glied zu rühren. Da, als seine Lebensgeister fast verloschen, hörte er den Schrei eines Kamels und sah einen seiner Gefährten, welcher ihn suchte. Jetzt bemerkte ihn derselbe. „Wasser!" war das einzige Wort, welches der Ärmste noch zu stammeln vermochte. Wasser war das einzige, was er bedurfte, an einem Tropfen Wasser hing sein Leben.

Der Retter wusch ihm mit Wasser das kranke Haupt und flößte ihm Wasser ein — so ward er gerettet.

Kann ein schmachtender Reisender in der Wüste sich etwas Schöneres denken als den schattigen kühlen Wald, in welchem wir miteinander wandeln, in dem jedes Blatt von Tauperlen funkelt? Du hörst das liebliche Rauschen im Grunde! Jetzt biegt sich der Weg um die moosigen Felsen, und vor dir stürzt wie ein Silberschleier ein reizender Wasserfall herab auf grünschimmernde Blöcke. Wäre der Prophet Mohammed plötzlich aus dem dürren, heißen Arabien hierher versetzt worden, gewiß hätte er jene Worte gerufen, die über dem Throne des Großmoguls in Delhi mit Goldschrift standen: „Wenn irgendein Paradies auf Erden, so ist es hier!"

Weile mit mir ein wenig hier am reizenden Plätzchen, setze dich zu mir auf den Granitblock, auf dem tamariskenförmiges Lebermoos ein wunderschönes braunes Polster gewoben hat. Das gemütliche Lied der Wasseramsel mischt sich mit dem Rauschen und Plätschern des Wasserstrahls, den wir betrachten.

Woher kommt die silberhelle klare Flut, die hier gas ganze Jahr hindurch herabschäumt, und wohin eilen die blinkenden Wellen?

Droben am Bergeshange breiten sich die Moospolster weithin aus und fangen die rieselnden Tropfen auf, die aus den Wolken herniedersinken. Vom Meere her trug sie der Wind, zum Meere eilen sie wieder; so wiederholen sie seit Jahrtausenden unaufhörlich den großen Kreislauf. Wer vermöchte zu sagen: wie vielmal ein solcher Tropfen vom Anfang der Welt her verdunstet ist und sich wieder in eine Wasserperle verwandelt hat? Wer weiß es, in wieviel Meeren er bereits gewesen, in wieviel Wolken er schon gereist, in wieviel Flüssen er geströmt ist?

Wenn die Regentropfen aus den Wolken herniederstürzen, rinnen ihrer wohl eine Anzahl sofort dem Bache zu und schwellen ihn an — die meisten dagegen hüpfen erst von Blatt zu Blatt, von Zweig zu Zweig, perlen am Ast hernieder und fallen drunten in weiches Moos. Das schwillt davon auf und hält eine große Menge Tropfen fest. Versuche es, nimm nach dem Regen eine Handvoll Moos vom Waldboden auf und drücke es aus. Du wirst dich verwundern, welche Menge Wasser herausträufelt. Nun denke, wieviel Wasser wird auf diese Weise am ganzen Berghange zurückgehalten! Solche Gebirge, die des Waldes mit seinem weichen Grunde entbehren, bilden bei Regengüssen sofort zerstörende Wildwasser; diese stürzen in tollem Laufe nieder zum Tale, reißen Steine und Geröll mit sich fort, verschlämmen die Wiesen drunten und die Fruchtfelder und bedrohen die Wohnungen und das Leben der Menschen.

Hier am bewaldeten Berge ist's anders. Das meiste Wasser bleibt, wie gesagt, hübsch im Moosrasen und schaut sich nach anständiger Arbeit um. Es leistet was Rechtschaffenes. Dort trifft es die Baumwurzeln und tränkt sie. Die Samenkörner der Blumen und Gräser werden versorgt und auch die durstende Schnecke am Stammgrunde. Der fleckige

Salamander wälzt sich vor Freuden auf dem saftigen Kraut, und der Laubfrosch singt ihm ein wunderliches Lied, als sei er vom Regen berauscht.

Nur allmählich dringt das übrige Wasser, von dem Zuge der Erde gefaßt, bis auf die Steinschichten des Berges. Von den modernden Mooswurzeln hat es aber bereits sich mit Kohlensäure gesättigt, dazu erhält es auch stellenweise Eisen und beginnt mit dem Boden einen Tauschhandel. Dieser Stein gibt etwas Kalk her und erhält etwas Eisen dafür; da er selbst Schwefel besaß, so entsteht der Schwefelkies und schießt in goldglänzenden Würfelchen an. Ein anderer muß Kiesel liefern, wieder einer eine Kleinigkeit Salz und so fort.

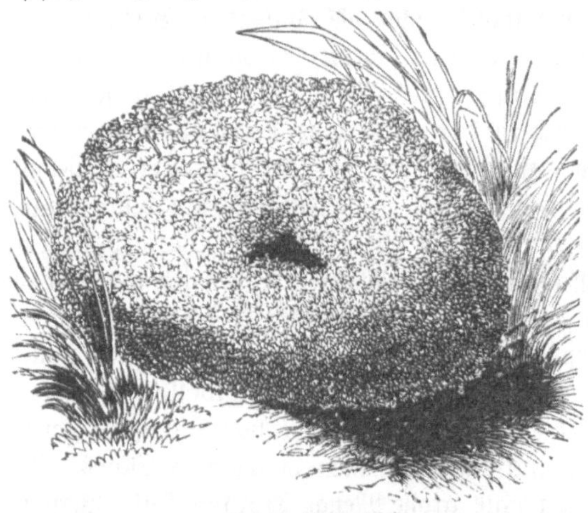
Nest der Wasseramsel.

Dabei bleiben die Tropfen meist klar und hell, und wo die Gesteinschichten zu Tage gehen, kommen auch die Wasser wieder zum Vorschein und rinnen langsam dem Quelläderchen zu, das sich in der Senkung entlang zieht.

Doch warten schon wieder hundert Geschäfte auf sie. Goldmilz und Pestwurz stehen durstig, hundert Mückenlarven zappeln und wollen trinken. Die Grasmücke schlürft mit vollen Zügen, und Rotkehlchen verlangt nach einem erquickenden Bade. Mancher Tropfen wird dabei wieder verbraucht und verdunstet, der Überfluß eilt weiter zum Bach, und nun geht es mit Hüpfen und Tanzen dem Wasserfall zu. Jetzt kommt der Absturz, und mit kühnem Sprung schießt das Wasser hinab und zerschellt drunten am Felsblock. Als Schaum fließt es links und rechts an den Seiten hinunter.

Zahllose helle Perlen spritzen dabei umher, ebenso viele verdunsten. Trifft der Sonnenstrahl zwischen den Zweigen hindurch gerade auf den lieblichen Fall, so siehst du einen Regenbogen rings um die Kluft, zauberisch schön. Dein Auge wird nicht müde, dem Spiel der Wasser zuzusehen, jede neue Welle gestaltet sich ein wenig anders als ihre Vorgängerin, aber sie alle benehmen sich wie ausgelassene lustige Zwerge, die auf toller Jagd in die Kluft hinab Purzelbaum schlagen, sich fliehen und verfolgen.

Rings um den Fall siehst du deutliche Spuren von der Arbeit des Wassers. Gesteine sind fortgerissen und abgeschliffen. Sie werden von Jahr zu Jahr weiter talab geschoben, bis sie als Kiesgeröll im Flusse drunten ankommen und schließlich als Sand dessen Grund oder Ufer bedecken. Jene Gesteinstoffe, die das Gewässer, dem Auge unbemerkbar, in sich aufgelöst hat, führt es noch weiter, und manche Schnecke im fernen Meere wird mit dem Kalk gespeist, den der Quell hier dem Berge entnahm. Manches Korallenriff dort wird davon aufgebaut. Das zerstäubende Wasser sorgt für zahlreiche bescheidene Gewächse, die sich mit ein wenig Licht schon begnügen und mit einem Tröpflein Wasser als tägliche Kost zufrieden sind. Algen überziehen die senkrechte Felswand, an welche die hellen Perlen fortwährend anspritzen. Sie bilden hier braune, dort grüne, dort rosenrote Tapeten. Wollten wir sie durchs Vergrößerungsglas näher beschauen, wir würden Wunderdinge erblicken. Eine ganze Welt winziger Tiere lebt in diesem senkrechten Teppiche. Darüber schwellen Moospolster der verschiedensten Art, dicht mit Früchten geschmückt, und wunderliebliche Farne neigen die Wedel herab, zwischen ihnen nickende Gräser.

Wasseramsel.

Aber sahst du soeben den Vogel mit schnellem Fluge mitten durch den Wasserstrahl hindurchfliegen? War es etwa nur eine Täuschung des Auges? Nein, es war Wirklichkeit! Dort hinter dem sprudelnden Falle, drinnen im überhängenden Ufer, hat die Wasseramsel (Cinclus aquaticus) ihr Nest. Dort hat sie in verborgener Höhlung dasselbe aus Moos künstlich gewölbt und mit schmalem röhrenförmigen Eingang versehen, durch den sie einschlüpft. Kein lüsterner Fuchs oder Iltis, kein mutwilliger Knabe mag es wagen, in diese Wasserburg einzudringen; das lustige Vöglein scheut aber das Wasser nicht, es fühlt sich hier heimisch. Sieh, jetzt kommt es wieder hervor, es bemerkt uns nicht und singt auf dem Stein sein munteres Liedchen; dabei schlägt's mit dem Schwanze den Takt dazu und wiegt in possierlicher Weise den Kopf. Selbst mitten im Winter, wenn alle anderen Singvögel davongezogen sind, kannst du das Lied der Wasseramsel im Walde vernehmen, wenn du es verstehst, ihr behutsam zu nahen. Ihr Federkleid ist wie bei den meisten Sängern ohne auffallenden Schmuck. Das Köpfchen sieht braun aus, der Rücken einfach grau, Kehle und Brust rein weiß, dabei schließen die Federn aber so dicht aneinander, daß das kecke Vögelchen minutenlang im Wasser herumspazieren kann, ohne daß ein einziger Tropfen hindurchdringt.

Selbst während des eifrigsten Singens späht und lauscht es aufmerksam nach allen Seiten umher, und wir müssen jede Bewegung und jedes Geräusch vorsichtig vermeiden, wenn wir es nicht verscheuchen wollen. Nun taucht's hinab ins Wellengekräusel und läuft auf dem Grunde des Bächleins entlang. Jetzt schaut's in die Höhlung am Ufer, jetzt wieder an den Stein und die Strauchwurzel. Mückenlarven und Würmchen, kleine Schnecken und andere Tierchen liest es emsig zusammen und verscheucht die flinken Forellen im tieferen Wasser.

Zur glücklichen Stunde würden wir auch den himmelblauen Eisvogel hier antreffen, wie er den Fischen auflauert und sie mit sicherem Stoße aus ihrem Verstecke heraufholt. Selbst mitten im Winter sammelt sich um den Wasserfall mancherlei Leben, denn es muß schon ein sehr harter Frost längere Zeit herrschen, ehe das ganze Bächlein zu Eis erstarrt, und der Sturz wie ein silberner Vorhang sich vereist am Felsen hinabzieht. Meist bleibt er offen und nährt allerlei Grünes umher, drinnen kleines Getier und die beiden Vögel, die wir schon nannten. Dann findet auch das Wild hier stets Wasser zur Labung, und wenn es uns nicht zu kalt wäre, würden wir unsere Entdeckungen am Wasserfall zur Winterszeit in höchst interessanter Weise noch fortsetzen können.

Eisvogel.

Großer Buntspecht und Grünspecht.

11.
Der Specht und sonstige Baumläufer.

Laßt sehen, wer machte denn die Zimmermannsarbeit?
„Die Spechte trotz den besten Zimmerleuten:
Sie behieben die Stämme, daß es eine Lust war.
Es schallte nicht anders, als wenn auf einer Schiffswerft
Gezimmert wird.“

Aristophanes.

Wir gehen durch den grasgrünen Wald und hören die Vöglein singen, aber mitten hinein in die lustige Musik, in das Pfeifen und Zwitschern, Flöten und Trillern vernehmen wir ein sonderbares Schnurren. Es klingt wie eine kleine Trommel beim Waldkonzert. Vorsichtig nahen wir uns den hochstämmigen alten Bäumen, von denen der eigentümliche Schall kommt, und entdecken bald auch den eifrigen Tambour: den Grünspecht (Picus viridis, s. Anfangsbild rechts). Droben auf einem dürren Aste sitzt der wunderliche Musikant, und seine bunte Uniform leuchtet im Sonnenschein. Er schimmert in prächtigem Grün und der Oberkopf in herrlichem Scharlachrot. An der Seite des Astes hat er sich fest angeklammert, zwei Zehen jedes Fußes sind nach vorn gerichtet, die zwei anderen nach hinten. Er stützt sich dabei auf die steifen Federn des Schwanzes, als sei es sein Stühlchen. Mit dem starken, geraden Schnabel hämmert er jetzt so geschwind an den Ast, daß dieser ins Zittern gerät und laut schnurrt. Es ist das Hochzeitslied des Spechtes, er lockt sein Weibchen mit Trommeln, wie die Singvögel mit Flöten.

Nicht lange währt es, so kommt auch das Spechtweibchen herbei und begrüßt den fleißigen Waldzimmermann. Beide jagen sich mit neckischem Spiel hin und her und treiben allerlei Kurzweil. Dann aber denken sie daran, eine Wohnung zu bauen, in der sie die Jungen sicher auffüttern und groß ziehen können. So fliegen sie im Hochwald von Baum zu Baum und sehen einen Stamm nach dem anderen genau an. Nicht jeder eignet sich gleich gut zu einem Spechtnest. Nach vielem Suchen haben sie endlich eine alte, mächtige Buche gefunden, die mit glattem Stamm hoch hinaufragt. Der Specht versteht sein Handwerk von Grund aus; er weiß ganz genau, daß die große Buche innen angefault ist. Hoch droben ist eine Stelle, an welcher ehemals ein starker Ast saß; in einem harten Winter war derselbe erfroren, dann mürbe geworden und abgefallen. Dort macht der Specht die Tür zu seiner Burg. Mit kräftigen Schnabelhieben schlägt er ins mürbe Holz, daß die Splitter umherfliegen, und klammert sich dabei mit den Krallen in der Rinde fest. Er macht das Loch so groß, daß er bequem hineinkriechen kann. Männchen und Weibchen wechseln dabei treulich ab; das letztere arbeitet während des Vormittags, dann fliegt es nach Nahrung aus, und das Männchen hackt weiter. Ist der Eingang weit genug und ein Stück wagerecht in den Stamm hineingearbeitet, so wird die Röhre im Knie nach untenhin fortgeführt und schließlich eine geräumige Höhlung gemeißelt, die groß genug ist für die Eier und den brütenden Vogel. Die Arbeit im Innern ist anfänglich beschwerlich und anstrengend, denn der Vogel kann den Kopf in dem eigen Raume nur wenig zurückbiegen, um zum Hämmern auszuholen. Die Späne, die er zuerst losbringt, sind deshalb auch klein, erst beim Weiterrücken der Arbeit werden sie größer.

Obschon beide Spechte Tag für Tag fleißig arbeiten, währt es doch gewöhnlich ziemlich zwei Wochen, ehe alles in Stand ist. Der Grund der Höhlung ist mit feinen Hobelspänchen gefüttert, auf diese legt das Weibchen die Eier, gewöhnlich drei oder vier. Diese sind klein, auffallend langrund, glänzend und von rein weißer Farbe.

Auch beim Brüten lösen sich beide Spechte regelmäßig ab. Das Weibchen sitzt den ganzen Nachmittag und die Nacht hindurch auf den Eiern, das Männchen brütet vom Morgen bis Mittag. Wird eines von beiden währenddessen etwa getötet, vielleicht vom Wiesel oder Marder gefangen, so brütet das andere dann noch weiter und nimmt sich kaum Zeit, um die nötigste Nahrung zu suchen. Kommen die Jungen glücklich aus, so füttert es dieselben mit um so größerem Eifer. Die jungen Spechte haben anfänglich ein grundhäßliches Aussehen. Ihr Kopf erscheint im Verhältnis zum übrigen Körper ungeheuer dick und unförmlich, und in den Schnabelwinkeln stehen knorpelige Knoten. Allein ihre Eltern lieben sie dennoch zärtlich, mögen sie aussehen, wie sie wollen, sind's doch ihre Kinder.

Jetzt suchen die beiden Alten am liebsten die Haufen der Waldameisen auf, um möglichst viel Futter herbeischaffen zu können, denn ihre Kleinen haben starken Appetit. Dann lassen sie sich auch in der Nähe der Ameisenbaue auf dem Boden nieder. Mit ungeschickten Sätzen rücken sie gegen die Festung der Ameisen an und schlagen mit kräftigen Schnabelhieben eine Bresche hinein. Hei, wie das kleine schwarze Volk zornig hervorstürzt, um den Störenfried abzustrafen! Meister Specht läßt sich aber nicht irren. Da, wo der dichteste Schwarm Ameisen wimmelt, steckt er seine lange Zunge hinein. Diese ist in ganz sonderbarer Weise gestaltet, nicht breit und weich, wie bei den meisten anderen Geschöpfen, sondern rund und dünn, vorn mit einer harten, knöchernen Spitze, die nagelscharf zuläuft und sogar noch Widerhaken trägt, wie ein Pfeil. Der übrige Teil der Zunge ist mit zähem Schleim überzogen, wie eine Leimrute. Die Ameisen eilen, wie gesagt, auf die Zunge selbst los, wollen beißen und ihre ätzende Säure ausspritzen; Herr Specht läßt so viele ankleben, als Platz finden, und schluckt dann die ganze Schar seelenvergnügt hinunter. Hat er den eigenen Hunger befriedigt, so zieht er die Ameisenpuppen aus dem Bau hervor, dieselben langrunden, gelbweißen Dingerchen, die man fälschlich oft Ameiseneier nennt. Diese trägt er seinen Jungen heim und füttert sie damit.

Die Spechtzunge.

Sowie die jungen Spechte größer werden, regt sich in ihnen auch die Neugierde; sie möchten gar zu gern sehen, wie es draußen in der Welt aussieht. Einer um den anderen klettert innen im Schacht empor und steckt den Kopf neugierig zum Fenster hinaus. Sind ihnen die Federn hinlänglich gewachsen und die Beine stark genug, so versuchen sie das Klettern auch draußen an der Rinde des Baumes. Sie lernen das Klettern viel früher als das Fliegen. Rückwärts klettern sie nur ungern, und wenn sie am Stamm ja ein Stück hinuntersteigen, so halten sie dabei den Kopf nicht nach unten, sondern nach oben. Die alten Spechte führen ihre erwachsenen Kinder selbst in den Wald und zeigen ihnen, wie sie sich Futter verschaffen können. Jetzt fliegen sie mit schnurrendem Flügelschlag in flachem Bogen nach dem Nachbarbaum und setzen sich ziemlich unten an dessen Stamm. Von dort geht die Reise hinauf, immer in kurzen Sätzen, einmal an dieser Seite, dann an der entgegengesetzten. Der steife Schwanz scheint dem Körper nicht bloß zur Stütze zu dienen, sondern ihn auch mit vorwärtszuschnellen. Bei jedem Sprunge schlagen die Krallen in die Baumrinde, so daß man es deutlich hören kann, wenn man genau aufmerkt. Jetzt macht der Kletterkünstler Halt und schaut den Stamm ernsthaft an. Gewiß vermutet er Insekten im Innern: Larven von Borkenkäfern und Holzwespen. Ob er ihr Arbeiten hört, ob er sie riecht oder auf andere Weise ihr Dasein merkt, wer kann das wissen? — genug, er hämmert mit seinem vierkantigen starken Schnabel so kräftig auf die Borke los, daß die Splitter herumfliegen — jetzt hat er das Wurmloch bloßgelegt, rasch fährt auch schon die spitze Zunge hinein, spießt die weiche Käferlarve an und zieht sie heraus. Gleich darauf läuft er quer am Stamm hinüber auf die entgegengesetzte Seite — die Waldarbeiter meinten wohl ehedem: der Specht wolle zusehen, ob er das Loch bald durch den Baum durchgehackt habe. Er hat einen besseren Grund dazu. Das holzzerstörende Gesindel

Die Spechtmeise.

kennt sehr wohl die Bedeutung des Pochens und Hämmerns und sucht der Gefahr dadurch zu entgehen, daß es nach der gegenüberliegenden Seite entflieht; dort sieht der Specht denn nach und erfaßt es. In solcherlei Künsten unterrichtet der alte Specht seine Jungen; sind sie aber so weit erwachsen, daß sie sich selbst forthelfen können, so deutet er ihnen verständlich an: sie möchten sich selbst im Wald irgendein leeres Plätzchen suchen und ihren Eltern nicht das Futter vorm Schnabel wegnehmen.

Während des Winters bleiben die Spechte und ihre Verwandten bei uns, da sie auch dann ihre Nahrung auffinden können. Nur wenn in einer Gegend nicht mehr viel für sie vorhanden ist, wandern sie eine Strecke weiter und kehren erst nach einiger Zeit wieder zurück. Das Nistloch, das sie mit so vieler Mühe hergestellt haben, suchen sie auch im folgenden Jahre wieder auf und brüten wieder darin. Durch ihre Speise werden die Spechte für den Wald außerordentlich nützlich. Sie greifen gerade diejenigen Vertilger der Bäume an, welche sich den Augen und der Hand des Menschen und auch den Verfolgungen durch die Singvögel erfolgreich entziehen. Wie der Grünspecht, so verfahren auch der große und kleine Buntspecht (Picus major und minor; siehe ersteren auf dem Anfangsbilde links), beide hübsch weiß, schwarz und scharlachrot gefleckt, ebenso auch der freilich seltene Schwarzspecht (Picus martius). Dieser letztere ist die größte der einheimischen Arten, sieht kohlschwarz aus und hat einen feuerroten Scheitel, der ihn schmückt, wie der Helmbusch den Krieger.

Der Schwarzspecht.

Eine Anzahl anderer Vögelchen wetteifert mit den Spechten in bezug auf die Geschicklichkeit im Klettern, keines von ihnen hackt aber in die Bäume selbst, sondern sie alle begnügen sich nur mit den Insekteneiern.

Larven und Puppen, die in den Ritzen der Rinde verborgen sind. Sie sind das ganze Jahr hindurch tätig, einen Vertilgungskrieg gegen die kleinen, aber durch ihre Menge mächtigen Feinde des Waldes zu führen.

So kennt ja jeder die drollige Spechtmeise (Sitta europaea, S. 88), die besonders im Winter selbst bis in unsere Hausgärten kommt. Sie ist ziemlich eine Hand lang und dabei ganz hübsch gezeichnet, oben gelbgrau, an den Seiten rostrot, unten gelblich, die Kehle rein weiß. Sie tut es im Klettern den Spechten noch zuvor und läuft ebenso flink den Stamm hinunter wie herauf; ja sie hat den Kopf fast häufiger nach unten gerichtet als nach oben. Wenn auch in der Zimmermannsarbeit nicht so geschickt wie der Specht, trommelt sie doch ziemlich kräftig an der Baumrinde herum und spießt die Insekten ebenfalls mit der Zunge an. Das Baumläuferlein (Certhia familiaris) kann die versteckten Tierchen nur mittels des dünnen gebogenen Schnabels aus den Ritzen hervorziehen. Es sieht bescheiden braun aus und ist etwas weißfleckig. Am liebsten läuft es an den Baumstämmen in einer Schraubenlinie hinauf und huscht dann so geschwind wie eine Maus darüber hin, ist auch nicht viel größer als eine solche. Den Schluß der Klettermeister macht der braune, scheckige Wendehals (Jynx torquilla), welcher der Beweglichkeit seines Kopfes den Namen verdankt und durch sein lautes Rufen die Aufmerksamkeit auf sich lenkt. Er lebt nur teilweise von den Insekten der Baumstämme und marschiert ebenso gern an der Erde herum, um den Ameisen den Krieg zu erklären, teilt also auch nur in beschränktem Grade den Ruhm, welcher dem eigentlichen Specht als Beschützer des Waldes gebührt.

Wendehals.

Der verfolgte Hirsch.

12.

Wie's dem Baume in seiner Jugend erging.

Drauf macht' das Kind die Würzlein los
Und trug das Pflänzchen in dem Schoß,
Und spähte still und wonnig
Ein Plätzchen kühl und sonnig,
Und wühlte in der Erde
Mit emsiger Gebärde,
Und setzte nun das Pflänzchen drein
Und sprach: Das soll dein Bettlein sein.
Krummacher.

Setze dich mit mir hier unter den alten Eichbaum auf den weichen Moosrasen und höre aufmerksam zu; ich will dir ein hübsches Waldmärchen erzählen, an dem aber jedes Wort wahr ist!

Vor alten, alten Zeiten stand dort im feuchten Tale eine mächtige Eiche, die war höher als alle anderen Bäume im Walde. Sie hatte schon manches Jahrhundert dort ihre Früchte getragen und ausgestreut, allein keine von allen den vielen Eicheln, die sie herabgeschüttelt, war zu einem jungen Eichbaum erwachsen. Die Eiche ward alt, vielleicht kam bald die Zeit, daß sie bei einem Wintersturme zusammenbrach, und kein Nachfolger ihres Geschlechts war da, der ihre Stelle als König des Waldes dann hätte einnehmen können. Rings um sie herrschte ein wildes Treiben. Der Luchs saß auf den Ästen der Eiche und sprang hinab auf den Riesenhirsch oder das Elentier, die dort vorbeikamen. Der zottige Auerochs kämpfte mit dem grimmigen Bären, und wenn die reifen Eicheln auf den Boden unter die Kämpfenden herabregneten, wurden sie zertreten. Dazu kamen noch ganze Rudel von Wildschweinen, die im Sumpfe logierten, alte Bachen mit vielen Ferkeln, die durchpflügten mit ihren Rüsseln ringsum den ganzen Platz und fraßen die Eicheln auf. Waren ihnen ja noch einige zwischen dem Gestein oder im Gebüsch entgangen, so trippelten die Waldmäuse herbei und brachten sie ihren Jungen als ganz besondere Leckereien. Keine einzige Eichel blieb übrig.

Jäger zogen in den Waldgrund und erlegten das Wild mit Speer und Schwert. Am Fuße der Eiche fiel der Eber und tränkte mit seinem Blute ihre Wurzeln, zur Sühne für seine Frevel. Die Jäger bauten einen Altar und hingen die Schädel der geopferten Tiere als Siegeszeichen an dem Baume auf. Man pries die mächtige Eiche, heiligte sie und weihte sie dem obersten Gotte — aber für die Nachkommen derselben war dadurch nicht gesorgt. Der Priester reinigte ringsum den Platz, aber eine Eichel pflanzte er auch nicht.

Da baute der Rabe sein Nest auf ihrem Wipfel, und die Jäger und Priester waren darüber hoch erfreut; denn der Rabe war nach ihrer Meinung Wodans, des obersten Gottes, Lieblingsvogel. Er flog, so meinten sie, täglich zu Wodan und erzählte ihm ausführlich, wie es auf Erden herging. Der Rabe war ein gescheiter Bursch und merkte bald, daß er hier sicher sei. Er speiste manche Maus drunten im Walde, aber auch manche Eicheln mit dem Eichhorn und dem Häher um die Wette. War die Eiche nun besser daran? Es schien nicht so, allein bald zeigte sich's anders.

Der Rabe merkte, daß die Eicheln schneller zu Ende gingen, als nachwuchsen, und rechnete aus, wenn die vielen Mitesser täglich noch länger so fortschmausten, so würde bald nichts mehr für ihn übrig sein. Der Kluge baut vor! So flog er denn hierher zum weichen Rasenplatz und schaute vorsichtig nach allen Seiten um, ob ihn jemand belausche. Er bemerkte niemand — das Eichhörnchen war eben ausgegangen, der Häher zankte sich drunten mit seinen Kameraden, und die Mäuse schliefen in ihren Löchern

— so grub er mit seinem Schnabel ein Loch in den Boden und drehte sich dabei ringsum, daß ihm das Moos über dem Kopfe zusammenschlug und die Federn vom Schnabelgrunde abstoben. Hierauf schaute er bedächtig das Loch mit dem rechten Auge an, ob es wohl tief genug sei; dann mit dem linken Auge, ob es wohl die gehörige Weite besitze. Es war geräumig vollauf. So flog er zum Eichbaum zurück und las die schönste Eichel auf, die zu finden war. Er senkte sie ein in sein Sparkästchen, in seine heimliche Schatzkammer, dann holte er eine zweite, dritte und vierte Eichel herbei und so fort, bis das Loch voll war. Zuletzt kratzte er mit dem Schnabel Erde darüber, dann Moos und Grashalme und prüfte sein Werk. Niemand konnte es merken, daß er hier einen Schatz vergraben.

So legte er noch an anderen Stellen gleiche Vorratsmagazine an und meinte, er werde sie alle wiederfinden und später benutzen, wenn es im Walde schlechte Zeit sei. Wie wollte er dann die gefräßigen Mitesser verhöhnen, wenn sie nichts hätten und er täglich prächtige Eicheln speiste!

Der Winter kam, und der Rabe leerte ein Vorratskämmerchen nach dem anderen — aber dies eine hier vergaß er. Er hatte es so geschickt zu verstecken gewußt, daß er es selber nicht wiederfand. Aus einer jener Eicheln, die er verlocht hatte, erwuchs dieser gewaltige Baum, unter dessen Schatten wir ruhen, und die Ur-Urenkel des alten Raben, der jene Eichel gepflanzt hatte, verzehren jetzt ihre Früchte. Der Rabe hatte für sein eigenes Geschlecht ebenso gut gesorgt, wie er dem Eichbaum, der sein Nest trug und ihn samt seinen Jungen speiste, einen Dienst dadurch erwies, daß er dessen Samen pflanzte.

Bei unseren bisherigen Entdeckungsreisen im Walde haben wir nur die alten, erwachsenen Bäume voneinander unterschieden; heute wollen wir einen Blick auf die jungen Bäumchen werfen und auf die Samen, aus denen sie entstehen.

Zu unserer Freude kommt soeben unser alter Freund, der Förster, daher. Er ist heute besonders gut gelaunt und wird den Führer machen. Er setzt sich zu uns und zieht aus seiner Jagdtasche eine Anzahl Papierchen hervor, die Baumsamen und Früchte enthalten. Auf der Steinplatte, die wie ein Tisch vor uns liegt, breitet er sie der Reihe nach aus. Hier sind zunächst Eicheln mit kurzen Stielen von der Wintereiche und dergleichen mit langen Stielen von der Sommereiche; dann folgt Samen von der Rotbuche, eine Buchecker (S. 96), an den drei Kanten leicht erkenntlich; nun eine Frucht von der Weißbuche (S. 14), noch in der Hülle sitzend. Die meisten anderen Baumsamen und Früchte haben Flügel:

Eschenfrucht.

Tannensamen.

Lärchensamen.

Fichtensamen.

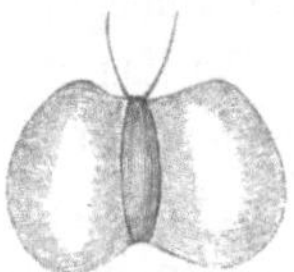

Erlenfrucht.

Birkenfrucht.

so zuerst die Frucht vom Ahorn (siehe S. 96), dann von der Esche, der Rüster, Birke, ferner die Samen der Weißtanne, Fichte, Kiefer und Lärche.

Die Samen sind die Kinder der alten Waldbäume. In jedem Samenkorn liegt ein Keimpflänzchen, das zu einem großen Baume werden kann, wenn das Glück hold ist. Außerdem ist aber in jedem Korne noch Speise für das Keimpflänzchen, mehlige oder ölige Stoffe, die hier gewöhnlich in den Keimblättern liegen. Sie dienen vorzüglich dazu, die junge Wurzel, die bei allen zuerst aus der Samenschale hervorkommt, mit Speise zu versorgen. Die Flügel befähigen die kleineren Früchte und Samen, auf Reisen zu gehen; der Wind treibt sie fort, mitunter hoch in die Luft und an Orte, wo sonst kein Gewächs hingelangen würde. Von der Mauer der Klosterruine schauen Birkenbüschchen hinab, und auf den Felsenkämmen des schroffen Berggrates wachsen Fichten und Kiefern, die als Flügelfrüchte und Samen dorthin flogen. Der Wald säet sich selbst aus. Viele Samen gehen freilich dabei zugrunde, da sie an Orte kommen, die sich zum Keimen nicht eignen.

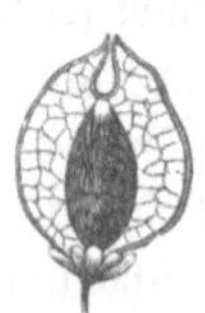

Rüsterfrucht.

Kiefernsamen, zu zweien in der Schuppe liegend.

Die Eiche gerade ist einer der wählerischsten Waldbäume. Auch ist der Forstmann in manchen Gegenden genötigt, die Eicheln, welche er pflanzt, mit Kienöl oder Steinöl zu bestreichen, um durch den starken Geruch die Waldmäuse davon abzuhalten. Beim Wachsen bleiben die Keimblätter in der Eichelschale verborgen und sind im dritten Jahre noch zu finden, dann erst vermodern sie. Die Eichel bleibt stets im Boden stecken und treibt nach unten keimend eine sehr lange, kräftige Wurzel, nach oben zunächst ein winziges Stämmchen. An diesem sind zuerst keine solchen Blätter vorhanden, wie wir die Eichenblätter zu sehen gewöhnt sind, sondern nur eine Anzahl zerstreut stehender Schuppen. Erst weiter oben stehen zwei solche Schuppen sich gegenüber, und in ihren Winkeln bilden sich die ersten eigentlichen Blätter.

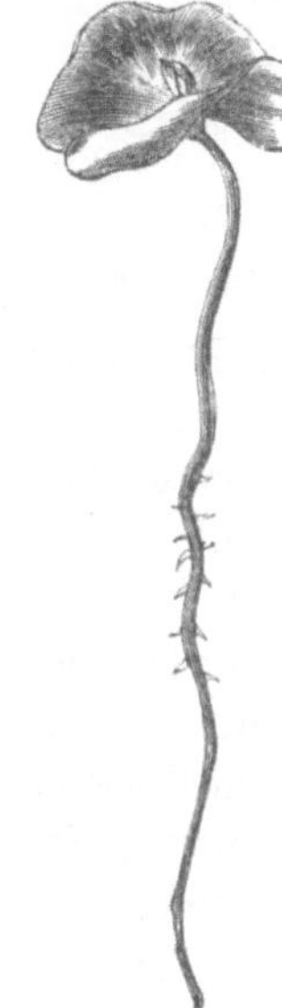

Keimende Rotbuche. (In halber Größe.)

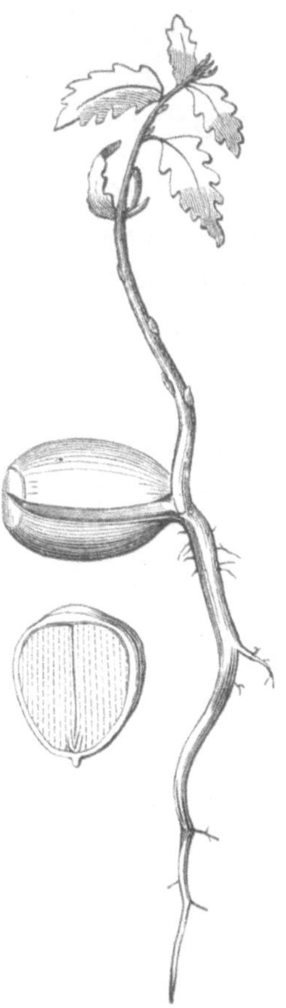

Keimende Eichel.

Der Förster ladet uns ein, ihn zu einem seiner Waldgärten zu begleiten, da er uns dort eine größere Menge keimender Baumarten bequem nebeneinander zeigen kann. Auch unterwegs werden wir, da wir uns einmal vorgenommen haben, darauf zu achten, mancherlei junge Bäume finden, so gleich jetzt, da wir in den Buchenwald eintreten.

Aus dem halbverrotteten Laube, das in dichten Schichten den Boden bedeckt, sprossen Hunderte keimender Buchen hervor. Voriges Jahr war ein ausgezeichnetes Samenjahr. Die Buche trägt, wie die meisten andern Waldbäume auch, nicht alle Jahre Früchte, gewöhnlich nur jedes fünfte Jahr reichlich. Manchmal hat sie zwar dem Anscheine nach viele Eckern, allein diese zeigen sich innen hohl und taub, d. h. ohne Keimblätter; ja in manchem Sommer blüht sie nicht einmal. In ihrem Samenkorn liegen ja zwei zusammengefaltete Keimblätter, und da, wo beide miteinander verbunden sind, ist das Würzelchen. Hat sich dies ein gutes Stück in die weiche Walderde gebohrt, so hebt es sich gleichzeitig auch etwas nach oben, die Samenschale wird abgestreift, die Keimblätter quellen hervor, breiten

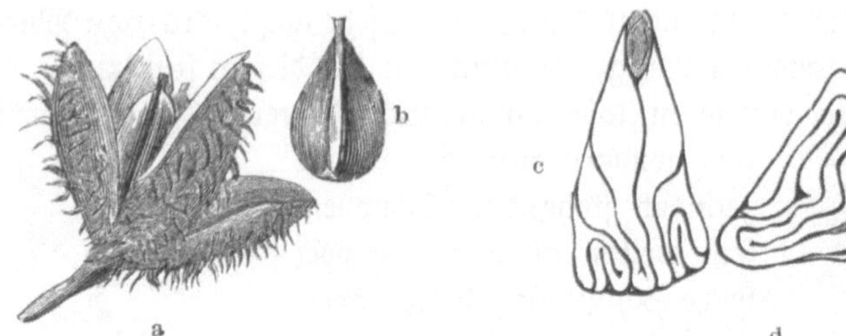

Buchenfrucht: a in der Fruchthülle, b frei, c Keimling im Längsschnitt, d Querschnitt.

sich aus und werden grün. Aus ihrer Mitte treibt das dünne Stämmchen weiter und bildet zunächst zwei gegenüberstehende Blätter, die mit den Keimblättern ein Kreuz darstellen. Weiter aufwärts folgt ein einzelnes Laubblatt, an seinem Stiele links und rechts von je einem Nebenblatte begleitet. Dann kommt an der Stengelspitze gewöhnlich eine geschlossene Knospe, mit der die Arbeit des Bäumchens für das erste Jahr zu Ende ist.

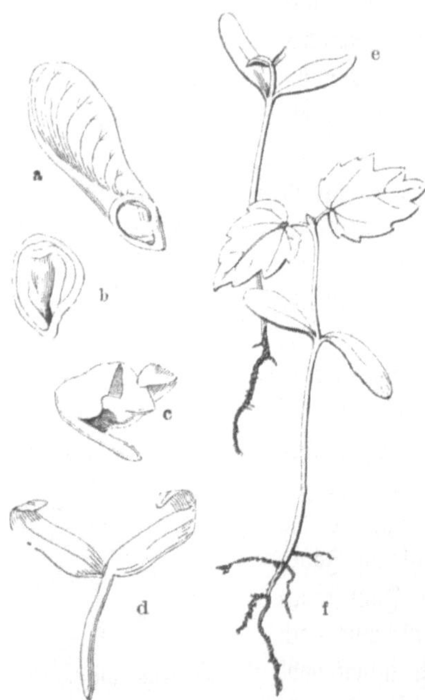

Das Keimen des Ahorns: a eine Flügelfrucht: das durchschnittene Fruchtkorn zeigt den eingeschlossenen Samen. b das Samenkorn, durchschnitten, zeigt die zusammengefalteten Keimblätter. c das Keimpflänzchen mit unentfalteten Keimblättern. d dasselbe mit entfalteten Keimblättern. e und f dasselbe in seinem weiteren Wachstum.

In günstigen Sommern öffnet sich aber manchmal noch diese Knospe und treibt einen neuen Schößling empor, so daß das Stämmchen einen doppelten Trieb (Frühlings- und Sommertrieb) gemacht hat, ehe ihm der Winter die Blätter abstreift.

Du weißt, daß die jungen Küchlein unter den Flügeln der Henne Schutz gegen die Kälte der Nacht suchen — die jungen keimenden Rotbuchen bedürfen einen ähnlichen Schutz gegen den hellen Sonnenstrahl. Viele Pflanzen können in ihren ersten Jugendtagen den unmittelbaren Sonnenschein nicht vertragen und verlangen Beschattung. Die Bucheckern fallen nicht weit vom Stamme, und da die Buchen nicht vor ihrem sechzigsten Lebensjahre Samen bringen, so gewähren sie ihrer kleinen Familie auch hinreichenden Schutz. Im dichten Gedränge wachsen die jungen Stämmchen hübsch schlank auf, in den ersten Jahren aber ziemlich langsam. Eine sechs- bis achtjährige Buche ist noch ein unansehnlich kleines Ding. Solange sie noch nicht über Manneshöhe erreicht hat, läßt sie sich auch noch ohne Schaden verpflanzen; nur muß dies geschehen, ehe im Frühjahr die Knospen schwellen, und die Erde muß dabei vorsichtig als starker Ballen an den Wurzeln bleiben. Auch die jungen Eichen vertragen das Versetzen, bis sie eine Dicke von 5 Zentimeter erreicht haben. Verpflanzt man sie bereits in ihrem zweiten oder dritten Lebensjahre, so pflegt man ihre Pfahlwurzel etwas zu stutzen, später aber verträgt sie dies nicht mehr. Sind Buchen und Eichen etwas älter, so wollen sie auch mehr Sonnenschein haben, wenn sie nicht dürftig und krüppelig bleiben sollen.

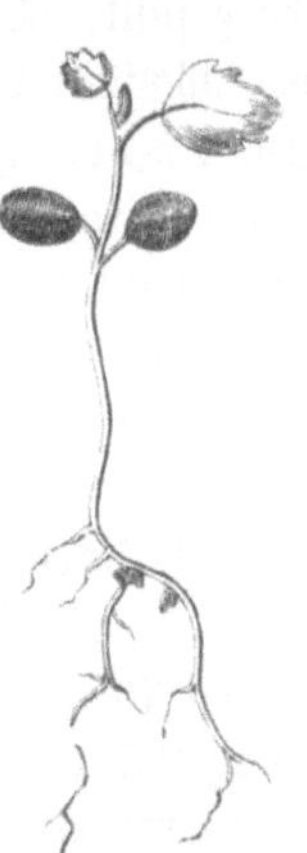

Junge Erle.

Junge Linde.

Die Weißbuche (Hainbuche), der Ahorn, die Birke und Linde breiten die Keimblättchen ähnlich wie die Rotbuche über der Erdoberfläche aus. Bei der Linde sind sie niedlich zerteilt, wie kleine Hände. Die ersten Blätter, welche Birke und Erle treiben, sehen ganz anders aus als das spätere Laub. Bei ihnen vertrocknen die kleinen Keimblättchen sehr bald. Die junge Birke, die als leichtgeflügeltes Früchtchen oft weit herumkommt, mag keinen Schatten leiden. Ist sie an einem sonnenarmen Orte aufgegangen, so stirbt sie schon im ersten Lebensjahre ab. Die verschiedenen Waldbäume haben sehr abweichende Naturen und zeigen diese bereits in den ersten Zeiten ihres Lebens.

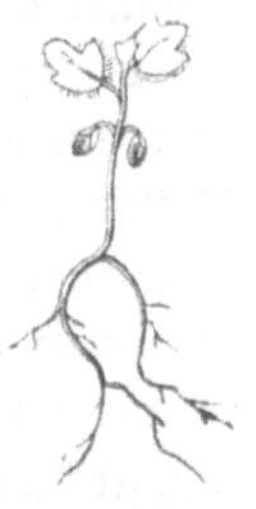

Junge Birke.

Der Buchenwald, welchen wir soeben durchschritten haben, war echter Hochwald. Kein Baum in demselben mag unter 80 Jahre alt sein, und einige können über 100 Sommer erlebt haben. Zwischen den Bäumen ist kein Buschwerk vorhanden. Jetzt geht der Weg durch Mittelwald, der aus verschiedenen Baumarten gemischt ist. Zwischen stärkeren Bäumen stehen schwächere von dem verschiedensten Alter, und die Zwischenräume werden durch Gebüsche gefüllt. Man schlägt gelegentlich die größten heraus und achtet dabei möglichst darauf, daß sie bei ihrem Falle nicht die kleineren beschädigen. An dem Hügel links neben diesem Mittelwald zieht sich ein geschlossener Niederwald hin. Er besteht aus lauter jungen Stämmchen, die in dichtem Gedränge stehen und aus denen der Förster Stangen zum Verkauf herausnehmen läßt. Wir biegen aber rechts nach dem Waldgarten um. Mitten im Forst, umgeben von hohen und dichten Bäumen, welche den kalten Wind ebenso abhalten wie den unmittelbaren Sonnenstrahl, dort liegt der Garten, rings von einem festen Holzzaune gut geschützt. Es dürfen weder Rehe noch Hasen hinein, sie würden mit den jungen Bäumchen übel umspringen.

Hier gehen die jungen Bäume in die Schule; hier lernen sie alles, was sie einst zu ihrem weiteren Fortkommen brauchen, nämlich: tüchtig wachsen. Draußen lernen dies die Bäume zwar auch, welche sich selbst ausgesäet haben — von Hunderten oder gar Tausenden kommt aber manchmal kaum einer dazu, daß er groß und stark wird. Viele von ihnen ersticken sich gegenseitig, weil sie zu dicht stehen, andere werden vom Wilde zerstört. Im Waldgarten sucht sie der Förster vor allen jenen Übeln zu bewahren, die ihnen draußen in der frühen Jugend drohen. Später versetzt er sie und füllt mit ihnen Lücken im Walde aus.

Wir treten jetzt in den Garten ein. Bei den Beeten mit den jungen Laubhölzern wollen wir uns nicht länger aufhalten; die meisten derselben sahen wir bereits, einige werden wir noch später kennen lernen. Es interessieren uns die Beete mit jungen Nadelhölzern vorzugsweise. Die Samen haben wir bereits angesehen, alle hatten Flügel. Die Samen der Tannen sind am größten, allein sie einzusammeln ist trotzdem am schwersten. Du erinnerst dich noch an jene Waldfahrt, welche wir unternahmen, um den Weihnachtsbaum zu holen; damals haben wir die Samenzapfen der Nadelhölzer sämtlich betrachtet und sahen sie bei den Tannen nur hoch droben im Gipfel. Bei Kiefern, Fichten und Lärchen können sie bequem eingetragen werden, kurz zuvor, ehe sie sich öffnen und die Samen verlieren. Um die Tannenzapfen aber zu erhalten, muß der Kustelnsteiger (so heißt der Mann, welcher dies Amt hat) hinaufklettern in die turmhohen Wipfel. Ein solcher Kustelnsteiger ist ein gewandter Bursche, keck wie ein Eichhörnchen. Hat er den Wipfel der einen Tanne geplündert, dann schaukelt er sich nach rechts und links, bis der Baum so schwankt, daß der Bursche den Wipfel der Nachbartanne erfassen kann. Da heißt es aufpassen und flink sein — denn greift er fehl und stürzt, so ist er verloren.

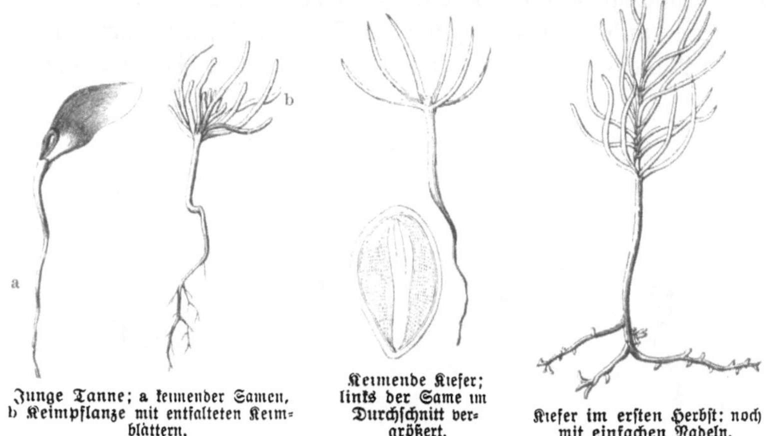

Junge Tanne; a keimender Samen, b Keimpflanze mit entfalteten Keimblättern.

Keimende Kiefer; links der Same im Durchschnitt vergrößert.

Kiefer im ersten Herbst: noch mit einfachen Nadeln.

Legt der Förster die Samenzapfen einige Tage ins warme Zimmer, so trennen sich die holzigen Schuppen voneinander, und die geflügelten Samen fallen heraus. Bei der Tanne lösen sich die ganzen Schuppen ab, und die Spindel des Zapfens bleibt allein übrig. Die Beete des Waldgartens sind tief umgegraben, die Erde ist von Steinen befreit und gereinigt. Etwa 3 Zentimeter tief werden Furchen gezogen und die Samen ziemlich dicht eingestreut, und zwar gleich im ersten Frühjahr kurz nach dem Reifen, das während des Winters erfolgt. Läßt man sie an der trockenen Luft länger liegen, so verderben sie und verlieren die Keimkraft.

Die Samen aller Laubhölzer, die wir betrachtet haben, zeigten uns zwei Keimblätter, die Samen aller Nadelhölzer haben dagegen deren stets mehrere. Bei den Tannen finden wir 5—7 von ziemlicher Länge. Die junge Tannenpflanze treibt im ersten Jahre nur ein sehr kurzes Stengelchen mit etwa 5—7 kurzen Nadeln, die kleiner sind als die Keimblätter. Selbst im zweiten Jahre wächst sie höchstens nur drei Zentimeter, und erst nachdem sie 10—12 Jahre hindurch so langsam fortgeschritten ist, sich aber desto mehr in der Tiefe durch tüchtige Wurzeln gekräftigt hat, beginnt sie rasch nach oben zu treiben.

Die Kiefer geht meist mit sechs Keimblättern auf. Wir haben hier ein keimendes Körnchen vor uns. Das Würzelchen ist schon ziemlich lang hervorgekommen, die Keimblättchen sind im Begriff, die Samenschale abzustreifen. Bei dem Pflänzchen daneben haben sie sich bereits entfaltet, die Samenschale liegt am Boden. Im Laufe des Sommers wächst das junge Stämmchen noch so lang wie ein Fingerglied hinauf, hat aber nur einfache Nadeln. Erst im zweiten Jahr bekommt es die Doppelnadeln.

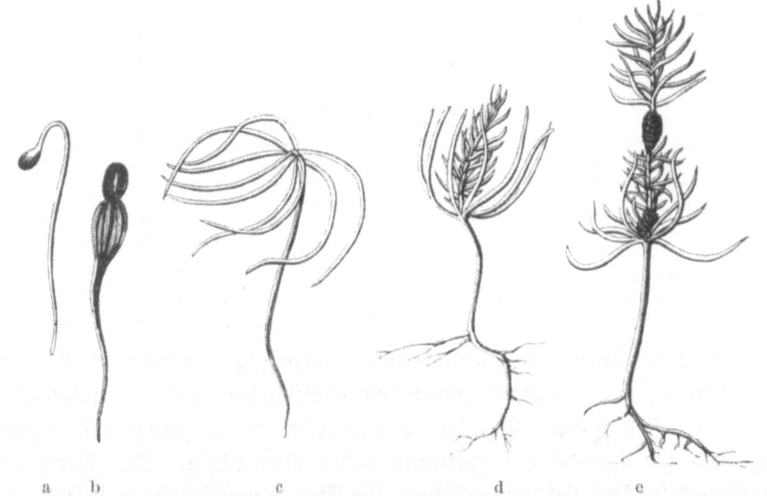

Junge Fichten. a ein keimendes Korn, das umgekehrt lag. b ein Keimpflänzchen, das seine Schale abstreift. c ein Keimpflänzchen, das die Keimblätter nach einer Seite gedreht ausgebreitet hat. d eine einjährige Fichte im Herbst. e ein dreijähriges Fichtenbäumchen in natürlicher Größe.

Das Fichtenbeet daneben zeigt uns Pflänzchen verschiedenen Alters. Ein winziger Keim schaut eben erst aus dem Boden heraus. Er hat einen auffallend krummen Hals; woran liegt das? Das Korn lag im Boden verkehrt, mit der Keimspitze nach oben. Die Wurzel machte einen Bogen, um nach unten zu kommen. Bei anderen Keimpflanzen daneben streckt sich das Stengelchen schnurgerade empor. Ihre Samen lagen mit der Keimspitze nach unten. Bei einem dritten Pflänzchen sind die Keimblättchen ausgebreitet. Es hatte ebenfalls schief gelegen, deshalb erscheinen alle Blättchen auch schief nach einer Seite gedreht. Wir zählen deren neun; dies ist bei der Fichte die am meisten vorkommende Zahl. Im ersten Herbst hat die Fichte ein Stämmchen getrieben, das nur wenig die Keimblätter überragt. Am Ende bildet sich eine Knospe, von Schuppen überlagert. Im Frühjahr öffnet sich die Knospe, und der neue Jahrestrieb kommt aus ihr hervor. An der Zahl der Schuppenringe, die am Stämmchen bleiben, erkennen wir leicht das Alter des Bäumchens. So haben wir hier vor uns eine kleine Fichte, die mitsamt ihrer Wurzel doch nicht länger als ein kleiner Finger ist. An den zwei Schuppenringen erkennen wir aber, daß sie trotzdem bereits im dritten Jahre ihres Lebens steht.

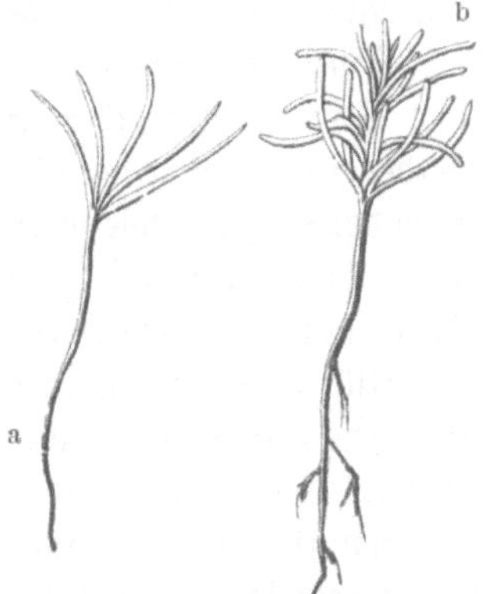

Junge Lärchen a ein Keimpflänzchen b eine einjährige Lärche

Die jungen Lärchen zeigen uns gewöhnlich vier oder fünf Keimblättchen, welche aber viel zarter sind als bei den übrigen. Die einjährigen Lärchenbäumchen sind auch noch sehr kleine Dinger, die ein Ungeübter leicht für Wolfsmilchsprossen ansehen kann.

Alle die genannten Waldbäume wachsen anfangs ziemlich langsam, nur wenige etwas rascher — erst später treiben sie kräftiger nach oben. Die jungen Edeltannen treiben im ersten Jahre das Stammende nicht höher als ungefähr das Weiße am Fingernagel. Im zweiten Jahre rücken sie um ein Stück weiter, welches etwa so groß ist wie ein Fingerglied, im dritten Jahre noch einmal so lang. Vom vierten Jahre an verwendet das Bäumchen seine Hauptarbeit darauf hin, Seitenzweige zu bilden, und vernachlässigt einige Jahre den Mittelsprossen. Im Alter von 10—12 Jahren ist die Tanne erst $^2/_3$—1 Meter hoch. Dann fängt sie an, kräftig in die Höhe zu treiben und fertigt in einem einzigen Sommer ein Stück von $^1/_3$ Meter.

Die junge Fichte tut es in ähnlicher Weise; auch sie wächst während der ersten 10—12 Jahre nur wenig hoch, dann erst beginnt sie emporzutreiben.

Die junge Rotbuche entfaltet bei günstiger Witterung mitunter schon im ersten Sommer die Knospe, welche sie zum Schlusse des Frühlingstriebes gebildet hatte. In solchem Falle wächst sie im Hochsommer noch ein Stück aufwärts und erreicht dadurch schon im ersten Jahre eine Höhe von 15—20 Zentimeter. In den nächsten 6—8 Jahren dagegen treibt sie nur wenig nach oben. Eine achtjährige Buche ist noch ein kleines Bäumchen. Die Eiche wächst anfänglich ebenfalls nur langsam, die Birke und Erle dagegen treiben während der ersten Jahre rascher nach oben.

Wird einem wachsenden Bäumchen der Mittelsproß durch irgendeinen Unfall zerstört, so biegt sich einer der nächsten Seitenzweige nach oben und vertritt dessen Stelle. Manchmal tun dies auch mehrere Seitentriebe, und in solchem Falle sieht es aus, als ob mehrere Bäume auf einem stärkeren Fußgestell nebeneinander aufgewachsen wären.

Sind die Bäume soweit gekommen, daß sie selbst wieder Blüten und Samen hervorbringen, dann nehmen sie verhältnismäßig auch wieder nur wenig an Höhe zu. Jede Baumart hat darin ebenso ihre besondere Weise, wie in der Art, in der sie ihre Zweige entwickelt. Die Fichte beschattet sich ziemlich zeitig, ja sie treibt mitunter schon im ersten Jahre einen Seitenzweig, andere tun dies erst später.

Alle Baumriesen unseres Waldes kommen aber darin überein, daß sie einen winzigen Anfang haben aus Samen, die nicht selten selbst den Samen der Gräser und vieler Kräuter an Größe nachstehen. Ebenso arbeiten sie in ihren ersten Lebensjahren nur langsam nach oben, dagegen kräftig nach der Tiefe. Sie wachsen zunächst viel weniger hoch als alle Kräuter im Walde, sind unscheinbar und leicht zu übersehen und doch erstarken sie durch ihr unausgesetztes Arbeiten, das sie jedes Jahr da weiter fortsetzen, wo sie im vorigen Herbst aufhören mußten, während Kräuter und Gräser alle Frühjahre wieder von vorn anfangen. Sie geben dem strebsamen jungen Menschen einen Fingerzeig, wie er's zu machen hat, wenn er's in der Welt einst zu etwas Großem bringen will.

13.

Der Kiefernspinner und andere schädliche Forstschmetterlinge.

Es ist kein Schmetterling,
Kein Würmchen im Sommer so gering,
Es findet ein Blümchen, findet ein Blatt,
Davon es ißt, wird froh und satt.

W. Hey.

Willst du dir Schmetterlinge aufziehen? Macht es dir Vergnügen, einen Raupenzwinger anzulegen, die gefangenen Tiere groß zu füttern, es zu beobachten, wie sie endlich sich einpuppen und als beschwingte Falter zum Vorschein kommen? Hast du Lust daran, so begleite mich zum Walde, du sollst Raupen genug finden!

Du meinst, ich scherze, da ja der November bereits regiert und die Martinsgans verzehrt ist! Vor wenig Tagen hatte eine Schneedecke schon Wald und Feld überzogen, und doch ist es mir Ernst mit meiner Einladung. Die Sonne hat den Schnee wieder weggetaut, und wenn es auch kühl ist, so ist das Wetter doch angenehm genug zu einem Herbstgange im Walde.

Schon von fern sehen wir, daß es heute sehr lebendig im Forste wird. Von allen Dörfern der Umgebung her ziehen Scharen von Männern

Frauen und Kinder nach dem Kiefernwald. Auch die Forstknechte sind bereits zur Stelle, und der Oberförster sitzt hoch zu Roß, als gält' es einen Feldzug. Du meinst vielleicht, es werde Jagd auf Hasen und Rehe veranstaltet? Die Rechen und Töpfe aber, mit denen alt und jung bewaffnet ist, werden dich eines anderen belehren. Alle diese Hunderte von Leuten samt dem Oberförster und den übrigen Förstern haben heute denselben Zweck vor, wie wir selbst. Sie sind auf der Raupenjagd!

Vor einigen Tagen hatte der Förster in seinem Revier unter mehreren Kiefern Raupen des Kiefernspinners (Gastropacha Pini) in ziemlicher Anzahl getroffen und danach seine Maßregeln eingerichtet. Seine Boten hatten aus allen Dörfern umher die Leute zum Raupensuchen eingeladen und bekannt gemacht, wieviel Pfennig für einen Liter große Raupen gezahlt würden und wieviel für die kleinen. Die kleinen werden viel höher bezahlt als die großen, da von ihnen 4000 aufs Liter gehen, von letzteren aber nur 500—700.

Der Oberförster verteilt die Leute am Waldrande entlang und gibt ihnen genau an, wie sie verfahren und vorwärts gehen sollen. Er selbst reitet gleich einem Feldherrn hin und her, von einem Flügel seiner Armee zum anderen, um nachzusehen, daß alles pünktlich vollbracht werde.

Aber, fragst du verwundert, wo sind denn die Raupen? Es ist ja nirgends eine Spur davon zu sehen! Achte nur auf die Arbeiter, und du wirst bald die Antwort auf deine Frage erhalten. Der Mann in unserer Nähe harkt das Moos unter der alten Kiefer rings vom Grunde des Stammes hinweg und schüttelt es aus. Jetzt kniet er nieder und späht genau auf den nackten Boden. Da liegen die Raupen wie graue Ringe zusammengekrümmt und schlafen! Es sind die jungen Raupen des Kiefernspinners, an zwei stahlblauen Flecken im Nacken leicht kenntlich. Der Mann hat nicht ohne Grund Handschuhe angezogen, denn die Haare, mit denen die Tiere besetzt sind, brechen leicht ab und führen Entzündung der Haut herbei.

Im vorigen Jahre war kein Spinner hier im Forst. Wahrscheinlich sind aber eine Anzahl dieser Schmetterlinge zugeflogen. An warmen Juliabenden schwärmen die Kiefernspinner. Sie bleiben zwar gewöhnlich in den Forsten, in denen sie der Puppe entschlüpfen; in manchen Fällen begeben sie sich aber auch mit dem Wind auf die Wanderschaft und lassen sich einige Stunden weit davon nieder. Jedes Weibchen legt dann 100—200 Eier (s. Anfangsbild Fig. 1). Wenn nur von einem einzigen sämtliche Eier ausschlüpfen, so können im nächsten Jahre bereits 100 Paar Schmetterlinge vorhanden sein. Im zweiten Jahre gäbe dies 100 mal 100, das sind 10 000 Paar, im dritten Jahre aber bereits eine Million Paare oder zwei Millionen Raupen — vorausgesetzt, daß keine umkommt.

Nun hat zwar ein großer Kiefernwald viele Nadeln, aber die Kienraupen haben auch gar viel Hunger! 20—25 Tage, nachdem die Eier an der Stammrinde, an den Zweigen oder selbst an den Nadeln abgesetzt worden sind, kriechen die Räupchen aus und nehmen ein erstes Frühstück ein. Sie verspeisen zunächst die Eierschale, welche sie einschloß. Dann geht der Nadelschmaus an. Es sind höchst lebendige Dinger, die wie kleine Schlangen schnell hin und her wackeln, wenn man sie angreifen will. Das prächtig warme Augustwetter kommt ihnen gut zu statten. Sie nagen zunächst nur ein wenig von den Rändern der Nadel ab, so daß man den Bäumen noch garnichts ansieht und man die Räupchen nur bei sehr genauem Aufmerken entdeckt. Ihre vorderen drei Leibesringe sind gelb gefärbt, die Nackenstreifen noch schwarz und der ziemlich bunte, grau und rotbraun gefleckte übrige Körper ist mit verhältnismäßig langen Haaren besetzt. Nach einigen Tagen häuten sie sich und erhalten nun schon ein etwas anderes Aussehen. Der größere Teil des Körpers wird aschgrau oder bräunlich; auf dem Rücken entlang ziehen sich schwarze Flecken, und die blauen Nackenstreifen erscheinen, besonders wenn das Tier seinen Kopf abwärts beugt (Fig. 2).

Eine solche halbwüchsige Raupe begnügt sich schon nicht mehr mit dem Rande der Kiefernadel, sie frißt letztere vollständig ab, und zwar regelmäßig beide Stücke eines Paares. Binnen fünf Minuten ist sie mit einer Nadel fertig. Hat sie hinreichende Auswahl, so sucht sie sich die Nadeln vom vorigen Jahre aus. Tag und Nacht setzt sie das Schmausen fort, bis ernsthaftere Fröste eintreten, dann sieht sie sich nach ihrem Winterquartier um. Der Weg geht am Stamme hinunter bis zur Erde. Manche verliert auch beim Rückzug das Gleichgewicht, schlägt einen Purzelbaum und kommt sehr geschwind unten an, ohne jedoch Schaden dabei zu nehmen. Ist der Platz leidlich trocken und Moos in der Nähe, so ist auch das Winterbett fertig. Die Raupen kriechen hinein, krümmen sich wie Ringe zusammen und schlafen, bis im März oder April die gute Zeit wieder anfängt.

Fallen im Winter etwa schöne Tage, so lassen sie sich dadurch nicht beirren. Sie haben ihren Kalender gut inne und trauen dem Sonnenschein im Winter nicht. Dann ist es Zeit, daß der aufmerksame Forstmann, dem das Gedeihen seines Waldes am Herzen liegt, unter dem Moos nachsucht und die Waldverderber sammeln läßt, sobald er ihr Dasein bemerkt. Es kostet ihn freilich manchen Taler Geld, und die vielen Töpfe voll Raupen sind niemand etwas nütze. Selbst das Vieh mag die haarigen Dinger nicht fressen. Er spart dadurch aber einen größeren Schaden, denn schon im nächsten Winter würden hier ja 100 mal mehr liegen.

Trotz des sorgsamsten Suchens, ist es aber doch nicht möglich, die Versteckten sämtlich zu finden, und der Förster muß nächsten Sommer seinen Feldzug gegen den Feind fortsetzen.

Nun meinst du vielleicht, dies könnte nicht schwer sein, man brauche ja nur aufzupassen, wenn die Raupen aus ihren Schlupfwinkeln hervorkommen und den Baum wieder hinaufspazieren! Die Sache ist aber so leicht nicht. Die Raupen stehen zu sehr verschiedenen Zeiten aus dem Winterquartier auf. Während die eine hervorkriecht, bleiben zehn ihrer Kameraden noch ein paar Tage liegen. Kommen sie aber zum Vorschein, so geht es außerordentlich schnell in die Höhe, flinker, als man es den plumpen Burschen zutrauen sollte. Wer kann da ihrer habhaft werden?

Droben wird mit dem Fressen frisch fortgefahren, wo vorigen Herbst aufgehört wurde. Nur wenn sehr regnerisches Wetter eintritt, halten sie etwas inne und drücken sich wohl einzeln in die Rindenspalten oder klumpenweise unter die dichter belaubten niederen Äste. In dieser Zeit sind die Tiere auch am empfindlichsten. Drunten in ihrem Winterquartier haben sie ohne Schaden die ganze Kälte des Winters ausgehalten. Ja, man erzählt sogar, sie könnten es vertragen, daß sie einfrören und wieder auftauten. Sobald sie aber einige Tage gefressen haben, und es treten dann noch einige Nachtfröste ein, so kommen viele dadurch ums Leben. Am leichtesten werden die in den oberen Ästen betroffen; sie stürzen herab und gehen zugrunde. Außerdem zeigt sich bei ihnen mitunter auch eine sonderbare Krankheit: ihr Körper wird hart. Sie bewegen sich wohl noch einige Tage lang, ohne zu fressen, vertrocknen aber schließlich zu einer hornigen, festen Masse.

Sind die Raupen auf den Bäumen wieder in Arbeit, so zieht der Förster im Frühjahr abermals mit seinem Heere zu ihrer Vertilgung aus.

Diesmal hat man die Rechen daheim gelassen und statt ihrer Äxte mitgenommen. Unter die Bäume breitet man helle Tücher oder Säcke und schlägt mit dem Nacken der Axt einigemal kräftig an die dürren Stämme oder an die Äste der stärkeren Bäume. Durch die Erschütterung fallen die Raupen herab und werden von den Leuten zusammengelesen. Die Arbeiter haben dann aber auch ihren Nacken durch Tücher gegen die herabfallenden Raupenhaare zu schützen und reiben aus demselben Grunde das Gesicht mit etwas Öl ein. Den Rand der Töpfe bestreicht man mit Fett, dadurch wird es den Tieren verwehrt, herauszumarschieren.

Haben in einem kleineren Waldbezirk die Raupen so überhand genommen, daß das Abklopfen nichts nützt, so bleibt kein anderer Rat übrig, als rundum Gräben zu stechen, die ihnen das Weiterziehen verwehren. Freilich ist es schon vorgekommen, daß selbst die Gräben voll Raupen gefüllt waren. Die neu Ankommenden marschierten über ihre Kameraden hinweg, wie Soldaten beim Erstürmen einer Festung.

Ist schönes, warmes Sommerwetter, so verzehren 2000 Raupen in einem einzigen Tage ein ganzes Pfund Nadeln. 3 300 000 Raupen können in derselben Zeit alle Nadeln von einem ganzen Morgen Wald abfressen, der etwa 1500 Pfund Nadeln trägt. Sind ihrer so viele da, so hört man den Kot ununterbrochen herabfallen, als riesele ein Sandregen hernieder, und obschon für gewöhnlich die Kiefernspinnerraupe sich nur an die Nadeln der Kiefer hält, so fällt sie beim Futtermangel auch die Fichten in der Nähe an. Ja, man hat es erlebt, daß sie, vom Hunger geplagt, Felder mit jungem Flachs und Getreide, die in ihrer Nähe waren, angriffen. Freilich sind die meisten von solcher für sie ungesunden Kost dann gestorben.

Es ist für den Forstmann ein trauriger Anblick, wenn die Raupen so massenhaft in seinem Walde hausen. Die prächtigen Stämme, die seit 80 oder 100 Jahren freudig grünten, welche seine Vorfahren und er selbst mit vieler Mühe gepflegt, stehen in wenig Wochen kahl und verstümmelt. Da bleibt nichts übrig, als sie umzuschlagen, das Reisig zu verbrennen und die Äste zu verkohlen. Nur die Holzhändler machen ein heiteres Gesicht dabei, denn das Holz sinkt bedeutend im Preise. So wurden in den Jahren 1791—93 die Kiefernwaldungen der Mark Brandenburg an der Oder und Elbe durch die Spinner greulich verheert. Die Raupen hatten sich über einen Landstrich von 196 Quadratmeilen verbreitet und fraßen 650 000 Morgen oder 30 Quadratmeilen Wald ab.

Nachdem sich die Kiefernraupe sechsmal gehäutet hat, spinnt sie sich Ende Juni ein, je nachdem das Wetter ist, etwas früher oder später. Sie fertigt dabei einen Kokon, den man aber leider zu nichts gebrauchen kann (Fig. 4). In demselben wird sie zur Puppe, und nach 20 Tagen kommt der Schmetterling hervor (Fig. 5). Dieser ist graubraun gefärbt, hat auf dem Oberflügel einen dunkleren Querstreifen im oberen Drittteil und am Grunde auf einer dunklen Stelle einen weißen, dreieckigen oder halbmondförmigen Fleck. — So flink die Raupe, so träge ist der Falter. Fast den ganzen Tag sitzt er am unteren Teile des Stammes an der Seite, welche vor Wind und Regen geschützt ist. Am Morgen, wenn der Tau noch an seinem Haarkleide hängt, läßt er sich ruhig mit den Händen abnehmen.

Beim Vertilgen der Spinner helfen dem Forstmann mancherlei Tiere mit. Die Schlupfwespen und Fliegen, deren Maden die Raupen verzehren, werden wir bei einem besonderen Ausgange bald genauer in ihrem Tun und Treiben beobachten. Raubkäfer, Baumwanzen, Tausendfüße und Ameisen tun auch das Ihre bei der Raupenjagd, Kuckuck, Häher, Nachtschwalben und Pirol verspeisen die Spinnerraupen trotz ihrer Haare; Eulen und Fledermäuse, Meisen und Krähen schmausen die Falter und Puppen. Igel und Eidechsen fressen wenigstens diejenigen Raupen, welche zur Erde fallen.

Außer dem **Spinner** hat der Kiefernwald noch andere Schmetterlinge zu gefürchteten Feinden. Die schlimmsten derselben sind die **Nonne** und die **Forleule**. Die **Nonne** (Ocneria Monacha, S. 109, Fig. 1) ist wie der Spinner ein Nachtschmetterling, sieht weiß und schwarzfleckig aus, am Leibe etwas rosarot, und verbirgt ihre Eier zwischen der Rinde der Stämme. Die Raupe der Nonne verwüstet ebensoviel Futter als sie verzehrt, denn sie hat die Unart, die Blätter unten durchzubeißen und nur einen Teil zu verspeisen. Dabei beschränkt sie sich aber nicht, wie der Spinner, nur auf die Kiefernadeln, sondern greift außer den übrigen Nadelhölzern auch die Laubbäume an. Ja, in der Hungersnot verzehrt sie das Heidelbeergestrüpp unten am Boden.

Die **Forleule** (Panolis piniperda, Fig. 2), ebenfalls ein Nachtfalter, ist im Verhältnis zu den anderen beiden nur klein. Der Schmetterling ist höchstens 15 Millimeter lang und die Raupe gegen 3 Zentimeter. Die Unterflügel des Falters sind dunkelbraun, die Oberflügel grau, braun und gelblich gefleckt. Desto größer ist aber die Menge, in der er mitunter die Waldungen heimsucht, und es sind Fälle bekannt, daß die Forstleute ihren Arbeitern die eingesammelten grün-, weiß- und gelbstreifigen Raupen nicht nach dem Liter, sondern scheffelweise bezahlten.

Dieses verderbliche Kleeblatt von Nachtfaltern betrachtet die Nadeln der Kiefer als ausschließliches Eigentum und wirtschaftet in manchem Jahre in den Waldungen unserer Heimat so übel, wie die verrufenen Heuschrecken in den wärmeren Ländern.

1 Nonne, 2 Forleule, 3 Kiefernspanner, 4 und 5 Kieferntriebwickler (etwas verkleinert).

Zu ihnen gesellt sich noch ein ganzes Gefolge von Kiefernfreunden oder wie der Forstmann sie nennt, Kiefernfeinden, die wir uns nur andeutungsweise vorführen können. Wir nennen zuerst zwei Kiefernspanner, den blauen (Macaria liturata) und den gemeinen (Fidonia piniaria, Fig. 3), deren Raupen kleinen Aststücken ähneln. Sie sind zwar nicht sonderlich groß, werden aber doch verderblich genug, da sie stellenweise in großen Mengen auftreten und dann vorzugsweise die jüngeren Bäume angreifen.

Viel versteckter als alle die genannten hält sich der Kieferntriebwickler (Tortrix Buoliana, Fig. 4). In den Waldungen, in denen er haust, siehst du im Juni unansehnliche Motten herumschwärmen, die so unschuldig aussehen, daß du ihnen gar nichts Schlimmes zutraust.

Am liebsten setzen sie sich an die Astquirle der 8—12jährigen Stämmchen und fliegen oft erst empor, wenn du an die Gebüsche anschlägst. Der Forstmann kennt die ungebetenen Gäste und sucht ihre Zahl durch Leuchtfeuer etwas zu vermindern, die er abends an verschiedenen Stellen im Forst anzündet. Tausende von diesen Motten folgen dem hellen Scheine und versengen sich in der Lohe, gewöhnlich bleiben aber doch noch hinreichend übrig, um durch ihre Nachkommenschaft Schaden genug anstiften zu können. — Die weibliche Motte schiebt ihre Eier an die Knospen der Kiefern, die sich in dieser Jahreszeit bereits ausgebildet haben. Die ausschlüpfenden sehr kleinen Räupchen bohren sich in das weiche Mark der Zweigknospen ein und zehren davon. Haben sie die eine Knospe ausgefressen (Fig. 5), so bohren sie sich durch, bauen einen verdeckten Gang aus Harz und Gespinst nach der Nachbarknospe und fangen dort das Ding von neuem an. Das Dasein der verdeckten Zerstörung zeigt sich gewöhnlich erst im Frühjahr deutlich, wenn sich die Triebe ausdehnen. Diejenigen, welche von jenen Insassen heimgesucht sind, nehmen eine abweichende Richtung an und bilden, wenn sie überhaupt am Leben bleiben, später die sogenannten Posthörner, d. h. bogenförmige Aststückchen. Viele sterben aber ganz ab. Der Kiefernprozessionsspinner (Cnethocampa pinivora) und der Kiefernschwärmer (Sphinx pinastri) sind gewöhnlich nur in so geringen Zahlen vorhanden, daß sie nicht merklich schädlich werden. Man weiß aber von dem letztgenannten Abendschmetterlinge auch Fälle eines so häufigen Vorkommens, daß der Forstmann das Liter Puppen nur mit 12 Pfennig bezahlte.

Tagschmetterlinge werden im Walde weniger schädlich; eine ziemliche Anzahl Nachtschwärmer aber suchen auch noch die Laubholzbäume heim. Dann folgt eine ganze Schar Blattwespen auf Laubholz und Nadelholz, dazu Gallwespen und Mücken. Einige davon zehren junges Laub, andere altes, diese Knospen, andere das Mark des Stengels, wieder andere begnügen sich mit Gallauswüchsen auf Blättern und Sprossen. Wir müssen uns bei der großen Menge der Arten, in denen sie auftreten, und bei der Mannigfaltigkeit, welche sie in ihrer Lebensweise zeigen, schon eine eingehendere Betrachtung derselben auf verschiedene spätere Ausgänge versparen. Einigen werden wir selbst bei unseren Wanderungen an den Feldbäumen begegnen.

14.
Im Busch.

Ich weiß euch eine schöne Stadt,
Die lauter grüne Häuser hat;
Die Häuser, die sind groß und klein,
Und wer nur will, der darf hinein.

Es wohnen viele Leute dort,
Und alle lieben ihren Ort;
Ganz deutlich sieht man dies daraus,
Daß jeder singt in seinem Haus.

Ortlepp.

In einer kleinen Stadt des Saaltales — ich könnte sie dir nennen, denn ich habe jahrelang daselbst gewohnt — lebte vor ungefähr vierzig Jahren ein armer Dachdecker, der durch einen unglücklichen Sturz halb zum Krüppel geworden war. Daheim hatte er neun Kinder, Knaben und Mädchen, alle frisch und gesund und mit gesegnetem Appetit, aber noch so jung, daß keines die Schule verlassen hatte. Wie sollte der Arme die Familie ernähren? Betteln mochte er seine Kinder nicht schicken, und die mancherlei Versuche, die er gemacht hatte, um durch sie selbst etwas verdienen zu lassen, hatten sehr wenig ergeben.

So ging der arme Mann am Sonntag Nachmittag im Walde mit seinem ältesten Knaben spazieren, von tiefem Kummer gebeugt. Ringsum standen die Büsche in voller Pracht. Die Schmetterlinge flogen munter umher, und die Vögel sangen so lieblich, als freuten sie sich über die blühenden Gesträuche.

Sonst, in alter Zeit, wenn ein armer Mann, den das Unglück verfolgt hatte, voll Verzweiflung in den Busch ging, war's gar ein schlimmes Ding, schlimm für ihn und für die anderen. Mancher ward zum Strauchdieb, der dem wehrlosen Wanderer das Seine abnahm. Gaben ja doch die edlen Herren des Landes den Armen ein übles Beispiel und schämten sich nicht, die Buschklepper zu spielen. Das ist gottlob! heute vorbei. Der arme Mann, von dem ich erzähle, dachte auch gar nicht daran, sondern an etwas ganz anderes. Sein Knabe hatte einen Strauß von blühenden Blumen und Gesträuchen gepflückt, um sie den Geschwistern daheim mitzubringen, und zeigte ihn dem Vater, der sich auf einen Stein gesetzt hatte, um auszuruhen, denn er war noch sehr schwach von seinem Unfall. Ihm fielen die Worte des Herrn ein: „Dein Vater im Himmel, der für die Vögel sorgt, der die Blumen so schön kleidet, wird auch dich nicht verlassen!"

Zur Seite des Steines wuchs ein unansehnlicher Strauch, der dem Manne gar wohl bekannt war. Es war ja derselbe, der ihm in seiner Jugend so lieb gewesen, da er von ihm die hübschen fleischroten, viereckigen Früchte gepflückt, um damit daheim das Rotkehlchen zu füttern. So hieß er ihn auch Rotkehlchenbrot, andere nannten ihn Spindelbaum oder Pfaffenhütchen (Evonymus europaeus). Das Büschchen stand eben in Blüte, und ohne zu wissen wozu, schnitt der Mann mit dem Messer einen Zweig ab und schnitzte daran. Da fiel ihm auf, wie fest und schön doch das Holz sei. Er betrachtete nachdenklich einen langen Splitter, den er losgespalten, wie er so glatt und schmuck aussah, just wie geschaffen zu — einem Zahnstocher. „Du lieber Gott!" meinte er bei sich, „wer nur erst etwas für die Zähne zu beißen wüßte, mit dem Ausstochern hätte es bei uns gute Wege. Das ist Sache der reichen Leute, die Tag für Tag Fleisch haben. — Aber wie wär's, wenn du es mit diesem Holze versuchtest und Zahnstocher für die Gasthöfe und vornehmen Herrschaften machtest? Eine Probe kann ja nicht schaden!" Gesagt, getan! Der Mann fertigte einige Päckchen sauberer Zahnstocher aus Spindelbaumholz, die sahen so schmuck aus, daß sie jedem gefallen mußten. Er zeigte sie einem unternehmenden Kaufmann, der dem Armen gern helfen mochte, und dieser bot die neue Ware auf der Messe in Leipzig seinen Geschäftsfreunden an. Es wurden ansehnliche Bestellungen auf die neuen Zahnstocher gemacht, und die Not des armen Mannes war durch das unansehnliche Sträuchlein zu Ende. Der Vater sägte die Stammstücke in Abschnitte von passender Länge. Er erhielt sie von den Holzhauern und mußte sie schließlich sogar aus ziemlicher Entfernung herbeischaffen lassen. Die Kinder machten die Zahnstocher. Das gab ein lustiges Schnitzeln. Der älteste Knabe brachte in einem Tage 4—6000 Stück fertig, und selbst die kleineren Mädchen wenigstens einige Hundert. Für jedes Tausend zahlte der Kaufmann 2 Groschen. So konnte jedes Glied der Familie etwas verdienen, und man war nach einigen Jahren imstande, selbst einen Sparpfennig für unvorhergesehene Notzeiten zurückzulegen.

Blütenzweig vom Spindelbaum, daneben reife Frucht.

Diese Geschichte fällt mir jedesmal ein, wenn ich im Buschwald spazieren gehe, und ich sehe den unscheinbaren Spindelbaum jetzt mit ganz anderen Augen an als früher. Ehedem wußte ich nur, daß seine Blätter und Früchte für Ziegen und Schafe wie Gift wirken und letztere, trotz ihrer drolligen Form und ihrer hübschen Farbe, auch von den Menschen nicht genossen werden dürfen. Die Blätter sind länglich lanzettförmig, ziemlich groß und am Rande fein gezähnelt. Viele Sträucher wirst du aber statt mit Blättern nur mit Raupengespinst behangen finden, denn die Raupe der Spindelbaummotte kommt auf denselben häufig vor und verzehrt dann gewöhnlich alles Grün, was daran ist. Das Sträuchlein scheint eine besondere Liebhaberei für die Zahl vier zu haben. Seine jungen, grün aussehenden Zweige sind vierkantig. An den Knoten derselben stehen die Blätter sich zu zweien gegenüber. Die Blüten haben vier Kelchblätter und vier grünliche Blumenblätter, desgleichen sind vier Staubgefäße (in manchen

Fällen fünf) vorhanden, und die Frucht ist, wie gesagt, ebenfalls viereckig und springt in vier Klappen auf. Die Samenkerne sind weiß, werden aber von einem goldgelben Samenmantel umhüllt.

Der **Hornstrauch** (Cornus sanguinea) hat in dieser Beziehung viel mit dem Spindelbaum gemein, nur daß er schwärzliche Beeren trägt und seine Blütentrauben weiß und ansehnlicher sind.

Faulbaumzweig. Zitronenfalter nebst Raupe.

Roter Hornstrauch.

Seine Zweige, deshalb auch Blutruten genannt, fallen durch ihre rote Farbe besonders im Winter auf, wenn sie nicht durch die großen eirunden Blätter verdeckt werden. Den Namen Hornstrauch erhielt er von der Festigkeit seines Holzes, welches von dem Drechsler gern verarbeitet wird. Es lassen sich gute Ladestöcke und Spazierstöcke daraus fertigen. In letzterer Beziehung wird er von seinem Vetter, dem **Kornelkirschbaum** (Cornus mas) noch übertroffen. Von diesem stammen die Ziegenhainer Stöcke. Im ersten Frühjahr fällt die Kornelkirsche durch ihre goldgelben Blütenbüschel angenehm auf, aus denen sich im Sommer gutschmeckende rote Beeren (Dürrlitzen, Herlitzen) bilden.

Neben den genannten Sträuchern treffen wir in unseren Buschwaldungen noch häufig den **Faulbaum** oder **Brechwegdorn** (Rhamnus frangula), einen Bruder des gemeinen Wegdorns. Sein Laub ist dunkelgrün und weich, die Blätter sind regelmäßig langrund und etwas zugespitzt. Die Blüten sind unansehnlich, klein und grünlich, die unreifen Beeren grün und rot, die reifen schwarz, aber ungenießbar. Die Kohle jedoch, welche man aus dem Holz gewinnt, ist sehr geschätzt und wird ebensowohl zu feinem Jagdschießpulver wie zu Zeichenstiften verarbeitet.

Sehr hübsche Sträucher sind auch die beiden **Schneeballarten**. Der **gemeine Schneeball** (Viburnum Opulus) mit drei- bis fünflappigen Blättern ist die wilde Form desselben Schneeballstrauches, den wir in den Gärten pflegen. Bei letzterem haben sich die Blüten etwas verändert. Die Blütenstände der wilden Form ähneln den Dolden. Ihre inneren Blumen sind becherförmig, haben eine kleine Blumenkrone und beiderlei Befruchtungswerkzeuge. Sie bringen rote, saftige Beeren hervor. Die Randblüten der Scheindolde haben viel größere weiße Blumenkronen, aber keine Staubgefäße. Sie bleiben unfruchtbar. Im Garten nehmen nun alle Blüten diese letztere Beschaffenheit an, und da sie hierbei auch mehr Raum gebrauchen, wird aus dem flachen Blütenstande eine Kugel, die ganz wie ein Schneeball aussieht. Die zweite Strauchart dieses Geschlechts wird wegen ihrer großen, langrunden Blätter, die auf der Unterseite filzig behaart sind, der **wollige Schneeball** (Viburnum Lantana) genannt. Er treibt schlanke und gerade Schößlinge mit hartem Holze, aus denen Pfeifenrohre und Spazierstöcke gefertigt werden.

Wolliger Schneeball. Gemeiner Schneeball.

Ebenso hübsch wie die letztgenannten Sträucher ist auch der **Ligusterstrauch** (Ligustrum vulgare), den schon jeder Knabe deshalb kennt, weil auf ihm die Raupe des schönen Ligusterschwärmers, eines Nachtschmetterlings, lebt. Seine weißen Blüten bilden am Ende der Zweige aufrecht stehende Rispen, die viel Ähnlichkeit mit den Blüten des wohlriechenden Flieders zeigen, mit welch letzterem der Strauch ebenso verwandt ist wie mit dem gepriesenen Ölbaum.

Blütenzweig vom Liguster. Ligusterschwärmer und Raupe.

Die Gewächse, welche wir bisher aufführten, sowie die Hasel, bei welcher wir später länger verweilen wollen, wenn ihre Nüsse reif sind, bleiben meistens ihr ganzes Leben lang Sträucher. Nur ausnahmsweise entwickelt sich das eine oder das andere zu einem Baume von bescheidener Größe. Wir treffen aber im Buschwald auch die meisten der Laubhölzer, die wir bereits als stattliche Bäume kennen gelernt haben, ebenfalls in Strauchform, zu der sie durch verschiedene Umstände gebracht werden.

Der Förster läßt nicht alle Laubhölzer ihre volle Größe erreichen. Eichenwaldungen, die 16—20 Jahre alt sind, schlägt er mitunter nieder, um von ihrer Rinde die hochgeschätzte **Glanzlohe** oder **Spiegellohe** für den Gerber zu erhalten. Aus den abgehauenen Stümpfen sprossen dann statt des einen gefallenen Stammes eine ganze Schar junger Stämmchen hervor, die ziemlich rasch wachsen. Ganz Ähnliches zeigt sich bei den übrigen Laubhölzern, wenn sie mitten in ihrem kräftigsten Wachstum gefällt werden. Sie bilden dann Stockausschläge. Bei der Birke geschieht dies bis zum 20. Jahre ihres Alters, bei der Esche bis zum 25., bei der Weißbuche bis zum 30., bei der Rotbuche bis zum 40. Jahre ihres Alters. Ahorne treiben ebenfalls üppige Schößlinge, und dergleichen Buschwaldungen wachsen dann, da sie durch die ausgedehnten Wurzeln des Baumes ernährt werden, so üppig, daß man sie je nach 4—6 Jahren abholzen kann, um neue Schößlinge zu veranlassen.

Die letzteren entspringen aus verschiedenen Stellen des zurückgebliebenen Stockes. Bei manchen Stümpfen wirst du zwischen Rinde und Holz ringsum eine Menge Zweigknospen entstehen sehen. Bei vielen anderen bilden sich eine Anzahl junger Stämmchen an den Seiten des Stockes, bei noch anderen kommen sie aus den Wurzeln hervor. Eine besondere Lebensfähigkeit zeigen in letzterer Beziehung die Wurzeln der Espe. Man kann den Wurzelstock des gefällten Baumes ausroden, und im nächsten Jahre sprossen doch in weitem Umkreise aus den zurückgebliebenen schwächeren Wurzelstücken eine Menge junge Stämmchen hervor.

Hat ein solcher Buschwald kahle Stellen, so steckt der Förster entweder Zweige von Salweiden dorthin, die bald anwachsen, wenn der Boden Feuchtigkeit genug enthält, oder er biegt die Stämmchen der Rotbuche zur Erde nieder, bedeckt sie stellenweise mit Rasen und veranlaßt sie dadurch, dort Wurzeln zu erzeugen und ihre Zweige in emporschießende Stämmchen umzugestalten. Das Holz der genannten Salweide läßt sich in zähe, feine Streifen zerteilen, die zu hübschen Korbflechtereien, vorzüglich aber auch zu Siebböden verarbeitet werden.

Die Nadelholzbäume bilden keinen Stockausschlag. Das einzige, was ihre abgehauenen Stümpfe noch als Lebensregung zeigen, ist, daß sie von den Seiten her überwachsen und Überwallungen bilden, um die Wunde zu schließen. Wahrscheinlich werden sie dabei von den Wurzeln der Nachbarbäume mit ernährt, mit denen sie häufig so verwachsen sind, daß ein Tannenwald unter der Erde ein zusammenhängendes Ganze bildet.

Achten wir bei unserer weiteren Wanderung durch den Buschwald ein wenig auf das, was an den Büschen lebt und webt, so finden wir des Interessanten gar viel und mancherlei. Am Faulbaum treffen wir die Raupe des goldgelben Zitronenfalters (Rhodocera rhamni, s. Abbildung S. 114 links), der als einer der ersten Boten des Frühlings erscheint. Daneben kriecht auch, von demselben Laube speisend, die kleine Raupe des hübschen hellbraunen Täubchens (Lycaena Argiolus).

Einige andere Blätter fallen uns durch sonderbare helle Schraubenlinien auf, die wie mit einem Zirkel auf ihnen gezeichnet sind. Die Künstlerin ist eine Minierraupe, welche innerhalb des Blattes diese regelmäßigen Gänge frißt und sich später in eine kleine Motte (Elactuista rhamnifoliella) verwandelt. Wieder ein anderes Blatt ist mit goldgelben Pusteln besetzt. Es ist ein Pilz, der sich hier im Grünen niedergelassen hat und seine ganze Lebensgeschichte auf dem schwankenden Blatte des Strauches durchmacht.

Eine Anzahl Raupenarten wickelt Blätter zu zierlichen Futteralen zusammen und benutzt diese als Wohnung; Larven von Gallmücken erzeugen Auswüchse auf Blättern, an Blattstielen und Zweigen und leben darin. Käfer Schmetterlinge, Mücken und Fliegen versammeln sich an den honigreichen Blüten und treiben dort ihre lustigen Spiele.

Da gibt es Speise vollauf für die munteren Singvögel des Buschwaldes, die hier nisten und ihre Jungen von Zweig zu Zweig spazieren führen. Rotkehlchen und Grasmücken, Laubsänger und Stare, Nachtigallen und Zaunkönige und wie sie sonst noch heißen, sie haben hier ihr Lustquartier, nach dem sie alljährlich zurückkehren, und wären sie auch im Winter noch so weit nach Süden, selbst bis nach Afrika gezogen. Sie geben dem deutschen Buschwald den Vorzug vor allen Herrlichkeiten Italiens und begrüßen mit munteren Weisen die Schar der lustigen Kinder, die nach dem Walde zieht, um dort zu spielen, Sträuße und Kränze zu winden und mit den Vögeln um die Wette heitere Lieder zu singen.

Zaunkönig.

Haselhühner.

15.
Die Waldhühner.

Klaus ist in den Wald gegangen,
Weil er will die Vöglein fangen;
Auf den Busch ist er gestiegen,
Weil er will die Vöglein kriegen;
Doch die Vöglein lachen Klaus
Mit dem großen Prügel aus.

Güll.

Es ist mitunter erfolgreicher, Entdeckungsreisen nach neuen Ländern, Flüssen und Bergen zu machen, als nach den Hühnern im Walde; erstere bleiben doch wenigstens an der Stelle, an welcher sie sich einmal befinden; letztere aber laufen davon, sobald sich jemand naht.

Wollen wir sie auffinden, so müssen wir uns einem erfahrenen Jäger anschließen und uns weder vor anstrengenden Märschen noch vor dem Dunkel der Nacht und stundenlangem Warten scheuen.

In den Waldungen, die in der Nähe von Ortschaften liegen, werden wir nicht leicht ein Waldhuhn antreffen: sie lieben abgelegene Hochwälder, schwer zugängliche Geklüfte und stille Halden, mit Felsgeröll bedeckt und mit gemischtem Wald aus Laubholz und Nadelholz bestanden.

Dorthin müssen wir wandern, hinreichend mit Mundvorrat versehen, wenn wir einen jener interessanten Bewohner des Waldes entdecken wollen. Der Fahrweg wird verlassen und ein schmaler Fußpfad wird ein=

geschlagen, welcher über Vorberge und durch gewundene Waldtäler führt. Er wird nur von Holzleuten und Jägern begangen, allmählich wird er aber auch schwächer, und endlich geht unser Freund, der Weidmann, keck über bemooste Steine und durch Gebüsch ohne Pfad weiter. Hier und da sind einige Steine aufeinander gelegt; sie bilden die Wegmarke. Wir kommen in abgelegene Waldungen, tief in den Hintergrund des langen Gebirgstales, wohin sich selten der Fuß eines Menschen versteigt. Ein Wässerchen rinnt zwischen dem Gestein herab, weiterhin sehen wir deutlich einen schmalen Pfad nach seinem Ufer getreten. Der Jäger zeigt uns im weichen Boden den Eindruck der Hufe von Hirschen. „Hier im Geklüft", sagt er, „hat auch ein Fuchs seinen Bau. Der schlaue, rothaarige Bursche hat einen Dachs daraus vertrieben, der ihn mit vieler Mühe für sich angelegt. Wir werden dem alten Sünder nächstens eins auf den Pelz brennen müssen, denn er ist es hauptsächlich, welcher unter den Hühnern so arge Verheerungen anrichtet."

Wir klettern über Felsblöcke weiter, die von Tannen gekrönt sind. Ein mächtiger Stamm ist unter der Last seiner eigenen Krone umgebrochen und hat sich querüber gelegt. Hier heißt es: entweder darüber hinwegklettern oder darunter hindurchkriechen. Siehe, dort liegen prächtige scharlachrote Federn an dem Boden, mit schwarzen untermischt! Hier wurde ein Schwarzspecht von irgendeinem Räuber verspeist. Wer aber war der Übeltäter? Vielleicht ein Uhu, vielleicht eine Wildkatze oder ein Marder — wer weiß es? Alle diese raublustigen Burschen treiben hier ihr Wesen, Da ertönt ein langgehaltener Pfiff durch den Wald: Tih — titititi — tih! Das ist ein Haselhuhn (Tetrao bonasia)! Auf ein Zeichen unseres Freundes bergen wir uns vorsichtig hinter dem Stamme einer mächtigen Tanne und spähen über die Berghalde hin, jedes Geräusch vermeidend und jeden Laut im Walde, jede Bewegung mit gespanntester Aufmerksamkeit beobachtend. Da — da huscht ein Hähnchen aus dem Gebüsch hervor! Es ist etwa von der Größe eines Rebhuhnes. Seine Färbung ähnelt so täuschend dem braunen Waldboden und Felsgeröll, daß nur die Bewegung uns den allerliebsten Vogel erkennen läßt. Durch unser Taschenfernrohr können wir ihn genauer betrachten. Er ist seinerseits mit pflanzenkundlichen Untersuchungen eifrig beschäftigt: pickt Sämereien vom Boden auf, nebst Heidelbeeren und Erdbeeren, zupft dazwischen ein junges Blättchen von einem saftigen Kräutchen ab und treibt nebenbei auch Insektenstudien, denn er speist schließlich noch verschiedene Käfer und Würmer als Zukost. Die schwarze Kehle und die Federholle auf dem Hinterkopfe lassen den zierlichen Vogel sofort als ein Hähnchen erkennen. Jetzt ruft er wieder mit lautem Pfiff, und eine Henne mit einem halben Dutzend niedlicher Kleinen kommt zum Vorschein, lockt diese und zeigt ihnen Ameisen, Käfer und anderes kleines Getier, das am Waldboden kriecht.

Die Alten scheinen inzwischen etwas Verdächtiges bemerkt zu haben; wie ein Blitz sind sie im dichten Gestrüpp und zwischen den Gesteinen verschwunden. Da stößt uns unser Freund leise an und zeigt mit dem Finger, nach welcher Richtung wir unser Fernglas richten sollen. Wir haben heute ganz unerhörtes Glück, was kaum zum zweitenmal vorkommen wird. Wir sehen auf einem starken Wurzelstück, welches über einen Felsblock hinüberhängt, einen prächtigen Auerhahn (Tetrao Urogallus) sitzen. Ernst und bedächtig ruht das kräftige, große Tier mit seinem schwarzen Gefieder und wärmt sich im Sonnenschein. Ab und zu nascht er junge Tannennadeln, die ihm gerade vor dem Schnabel sind; dabei schaut und lauscht er aber fortwährend nach allen Seiten höchst aufmerksam umher. Kein Geräusch entgeht ihm. An Größe gibt er einem Truthahn kaum etwas nach. Er blickt aufwärts — dort scheint etwas Lebendiges seine Besorgnis zu erregen. Richtig — wenige Schritte weiter hinten im Tale, gerade unter dem schneeweißen Stamme der Birke, hat sich ein Birkhahn (Tetrao Tetrix) mit zwei Hennen gelagert und lugt scharf nach uns herüber. Er wird sofort durch die prächtigen Schwanzfedern bemerklich, die leierförmig nach außen gebogen sind. Da bröckelt unglücklicherweise ein wenig Erde unter unserem Fuße ab und rieselt talwärts. Die Vögel strecken die Hälse, und im Nu entschwirren sie mit laut rasselndem Flügelschlag in die

Auerhahn.

Nacht des Waldes. Alles ist still und regungslos! — Unser Freund erzählt uns auf dem Heimwege von dem Wesen und den Gewohnheiten der Waldhühner gar vielerlei, ebenso von der interessanten Art, sie zu jagen.

„Wie scheu alle Waldhühner sind", meint er, „hast du soeben bemerkt, und es war nur ein ganz besonderer Glücksfall, daß du sie überhaupt zu Gesicht bekommen. Du kannst wochenlang in Waldungen herumstreifen, in denen sie hausen, ohne auch nur ein einziges zu erblicken!"

„Wie kommt es aber", fragst du, „daß der Fuchs ihrer habhaft wird?" Unser Freund antwortet: „Die alten Waldhühner frißt Reineke nicht so leicht. Bei Tage sind sie ebenso vorsichtig als flink auf Beinen und Flügeln, und gegen Abend flattern sie auf die Bäume, um dort zu übernachten. Sie haben meist ihre besonderen Lieblingsbäume, die sie regelmäßig wieder aufsuchen. Dort drücken sie sich so geschickt zwischen das Geäst oder verstecken sich zwischen dem Laubwerk, daß sie von dem Auge eines Menschen nicht so leicht erspäht werden. Nur Uhu, Wildkatze und Marder, die in den Baumkronen ebenfalls gut Bescheid wissen, werden ihnen noch gefährlich. Schlimmer dagegen ergeht es den Hennen und Jungen.

Alle Waldhühner brüten am Boden und suchen die verstecktesten Stellen im Walde auf, um ein notdürftiges Nest für ihre Eier zurecht zu machen. Die Eier des Haselhuhns sind klein, etwa wie Taubeneier, glänzend rötlichbraun, ins Gelbe spielend und mit dunkelbraunen Punkten gezeichnet; diejenigen des Auerhuhns dagegen groß, ebenfalls gelblich und braunfleckig. Jene vom Birkhuhn halten die Mitte zwischen beiden. Haselhuhn und Birkhuhn brüten drei Wochen, das Auerhuhn vier Wochen und nehmen sich währenddessen kaum Zeit zum Aufsuchen der notdürftigsten Nahrung. Ist es auch ein sehr seltener Fall, daß ein Jäger oder Holzgänger das Nest eines Waldhuhns auffindet, so geschieht solches doch öfter von den genannten Raubtieren, die ihr ganzes Leben hindurch bei Tag oder bei Nacht in ihren Revieren herumsuchen und jeden Stein, jeden Grasbüschel, jede Vertiefung des Bodens durchstöbern. Manche Henne wird dann beim Brüten überfallen und samt den Eiern verspeist. Sind die Jungen ausgeschlüpft, so nimmt die Mutter sie so lange unter die Flügel, bis sie völlig trocken geworden, dann zieht sie mit ihnen durchs Dickicht und füttert sie anfänglich nur mit Kerbtieren und Würmern. Die Henne wird dann höchst erfindungsreich, um ihre Kleinen zu schützen. Überrascht sie ein Mensch, so verkriechen sich die

Jungen auf den Zuruf der Mutter sofort, und die Alte sucht den Feind von dem Versteck wegzuleiten. Sie läuft scheinbar flügellahm nach der entgegengesetzten Seite und läßt ihren Verfolger ziemlich nahe kommen, um ihn zu locken. Weiß sie ihre Familie in Sicherheit, so kehrt sie auf einem Umwege zu derselben zurück.

„Haselhühner und Birkhühner werden vielfach in den nordeuropäischen Gegenden in Schlingen gefangen und verspeist. Das Fleisch des Haselhuhns soll das feinste von allen wilden Hühnern sein. Die Hähne erlegt der Jäger zur Paarzeit. Bei den Haselhühnern hält sich zwar ein Männchen mit nur einem Weibchen zusammen, ist aber gegen andere seinesgleichen sehr kampf- und streitlustig. Der Jäger benutzt dies zu des Vogels Verderben. An schönen Herbstmorgen, im September oder Oktober, begibt sich der erfahrene Weidmann nach einer solchen Stelle, in deren Nähe er Haselhühner vermutet. Er wählt sich einen hochstämmigen Baum als Standort und drückt sich mit gespannter Büchse an dessen Stamm. Die Umgebung muß bis auf etwa 30 Schritt von Gebüsch und Gestrüpp frei sein, denn häufig kommt das Haselhähnchen nicht geflogen, sondern gelaufen, und erblickt dann, wenn es durch Gestrüpp gedeckt ist, den Jäger früher, als dieser es bemerkt. Mit einer besonderen Pfeife ahmt der Jäger den Lockruf des Hahnes täuschend nach und lauscht dann, ob er den schnurrenden Flug eines Haselhähnchens vernimmt. Nach jener Gegend hin schlägt er das Gewehr an und schießt, sobald das Hähnchen auf dem freien Platze laufend erscheint. Mitunter trifft es sich auch, daß zunächst alles still bleibt und erst nach etwa fünf Minuten ein Haselhuhn dicht vor den Füßen des Jägers niederfällt und ihn verdutzt ansieht, da es statt des vermeintlichen Vogels ein anderes Wesen entdeckt. Kommt das Hähnchen fliegend auf die nahen Bäume herbei, so muß der Jäger sofort schießen, sowie es sich auf einen Ast niederläßt.

„Der Birkhahn und Auerhahn lieben es, mit mehreren Hühnern in Gesellschaft zu leben, ähnlich wie unser Haushahn. Im Frühjahr begeben sie sich zu günstig gelegenen Stellen, um die Hennen herbeizulocken. Der Birkhahn hat sein auserwähltes Rasenplätzchen, auf dem er seinen Lockruf in den frühesten Morgenstunden hören läßt. Er breitet den Schwanz fächerförmig aus und richtet ihn auf. Zugleich sträubt er alle Federn an Hals und Kopf, schleift mit den Flügeln am Boden und drückt den Unterschnabel so dicht auf die Erde, daß er sich die Federn an demselben abreibt. Während er nun seinen sonderbaren Gesang anstimmt, springt und tanzt er dazu rings im Kreise, dreht sich dabei um sich selbst und benimmt sich zuletzt so aufgeregt, als sei er völlig toll. Kommt ein anderer Hahn herzu, der ihm eine Henne abspenstig machen will, so gibt es erbitterte Kämpfe, daß die Federn herumstieben. Mitunter packt der stärkere Hahn seinen schwächeren Gegner im Genick, schleift ihn eine Strecke weit fort und zwingt ihn zur Flucht. Ernstliche Verwundungen scheinen jedoch dabei nicht vorzukommen.

„Der Jäger legt sich an solchen Tanzplätzen eine Schießhütte aus Laubzweigen an, von welcher aus er die Spielhähne schießt. Im Hochgebirge fängt man die Vögel auch mit Netzen und Schlingen, in welchen man Beeren als Lockspeise befestigt. Der Auerhahn sitzt zur Paarzeit auf seinem Lieblingsbaum und läßt eine wunderliche Musik hören, die schließlich wie das Wetzen einer Sense klingt. Der Jäger nennt dies Balzen oder Falzen und schleicht sich dann an ihn heran. Schweigt der Vogel, so steht auch der Schütze unbeweglich still; singt und schleift jener mit Augenverdrehen und Radschlagen, so eilt der Jäger näher, bis er schußgerecht steht und während des Balzens ihn von seinem Throne herabschießt. Da des Auerhahns Konzert in der frühesten Morgendämmerung aufgeführt wird, so gehört ein sehr scharfes und geübtes Auge dazu, um ihn sicher aufs Korn zu nehmen. Während der Paarzeit nährt sich der Auerhahn fast nur von Fichten- und Tannennadeln; sein Fleisch erhält davon auch einen durchdringenden Harzgeschmack, so daß es ganz besonders zubereitet werden muß, ehe es genießbar wird."

So kürzt uns unser Freund den Rückweg mit vielerlei Jagdanekdoten, und wir scheiden von ihm mit Dank für das Vergnügen, das uns der Besuch der Waldhühner verursacht hat.

Birkhühner.

16.

Die Gallwespen und der kleine Krieg im Busch.

Gott hat gedeckt die Tische
In seinem weiten Saal,
Und ruft, was lebt und webet,
Zum großen Frühlingsmahl.
W. Müller.

Es ist etwas Herrliches, am heißen Sommertage im kühlen Schatten des Waldes zu ruhen. Über uns breitet sich wie ein Sonnenschirm das Laubdach der Eiche, neben uns stehen rechts Buchengesträuche, zur Linken ein struppiger Kiefernbusch. Vor uns ist ein sonnenhelles Plätzchen mit dem herrlichsten Blumenteppich, den man sich denken kann. Ein Polster von Thymian haucht köstliche Wohlgerüche von den Hunderten seiner purpurnen Blumen aus. Darüber hin neigen sich goldgelbes Kreuzkraut, Goldruten und himmelblaue Polygalen. Und über diesem Reichtum an Farbenpracht, Duft und süßem Honig schwirrt und summt ein zahlloses Gewimmel kleiner geflügelter Wesen, die du schlechthin wohl Fliegen nennst — allein diese niedlichen kleinen Gesellen sind so abweichend in ihrem Bau, ihren Farben und Formen, ihren Sitten und Gebräuchen, daß wir viele Tage zubringen könnten, sie zu beobachten, und doch würde uns schließlich immer noch ein oder das andere Bürschchen vorkommen, das wir noch nicht gesehen, auch dessen Lebensgeschichte wir bis dahin auch noch nicht gekannt haben. Das Viertelstündchen, welches wir hier ruhen, wollen wir dazu verwenden, einige der geflügelten Wesen zu beobachten; manche andere werden wir bei späteren Ausgängen in ihrem Treiben belauschen!

Ein Eichenzweig neigt sich bis dicht zu unserem Ruheplätzchen herab. Auf einem Blatte marschiert ein Tierchen mit glashellen Flügeln und hellbrauner Brust. Es ist noch nicht so lang wie der halbe Nagel des kleinen Fingers, und du wirst keinen Anstand nehmen, es eine kleine Fliege zu nennen. Allein sieh es genauer an; du bemerkst, daß es vier Flügel hat. Alle echten Fliegen haben deren nur zwei. Es ist eine Gallwespe (Cynips Quercus folii), und zwar dieselbe, von welcher die hübschen Galläpfel an den Eichenblättern herstammen (s. S. 125 Fig. 1).

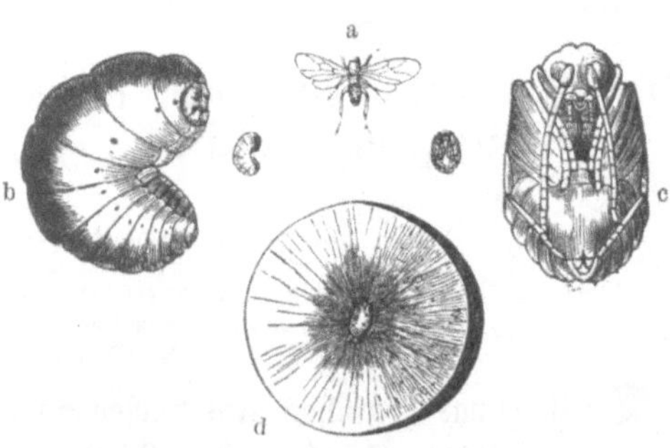

Eichenblatt-Gallwespe (Cynips Quercus folii).
a die Gallwespe, b Made derselben, c Puppe derselben, d Gallapfel durchgeschnitten, in seiner Mitte die Made.

Im Frühjahr sucht das kleine Tier die jungen saftigen Eichenblätter aus, die eben aus den Knospen hervorbrechen, krümmt dann den Leib, so daß der Legestachel, welcher sich am hinteren Ende desselben befindet, rechtwinkelig auf die Blattfläche zu stehen kommt, und sticht in das junge Blatt ein feines Loch. In dasselbe bringt es gleichzeitig ein noch kleineres Ei und fliegt dann auf ein anderes Blatt, um dort in derselben Weise zu verfahren. Kurz nach dem Legen schwillt das Ei etwas auf, und nach wenig Tagen schlüpft eine sehr kleine Made heraus, die von dem Safte des Eichenblattes lebt. Wie dir der Finger aufschwillt, wenn du dir etwa einen Splitter in denselben gestochen hast, so strömt auch der Saft des Eichenblattes nach der verwundeten Stelle. Es wächst dort ein Gallapfel und wird in demselben Grade größer, wie die Larve in ihm weiter wächst. Er bekommt schließlich ganz das Aussehen einer hübschen rotbäckigen Kirsche, die freilich nicht sonderlich schmecken würde, denn ihre Säfte sind herb.

Auf den Eichenblättern kommen aber noch Gallauswüchse vor, welche durch andere Gallwespen verursacht werden, und es ist höchst wunderbar, wie die Galläpfel auch stets andere Gestalt annehmen, je nachdem sie durch die Larve eines anderen Tierchens veranlaßt werden. Es hat bis jetzt noch niemand enträtseln können, wie das zugeht. Von einer zweiten Art Gallwespe (Cynips interruptrix) werden z. B. die Galläpfel etwas kleiner und dünnwandiger, so daß sie durchscheinend sind, auch sind sie stets grün; von einer dritten (Cynips longiventris) erreichen sie nur die Größe von Heidelbeeren und sind dabei hübsch gelb und rot gebändert. Bei einer vierten Art (C. agama) sind sie noch kleiner, am Grunde eingedrückt und sitzen an den Seitenrippen des Blattes nebeneinander. Eine fünfte Sorte Gallwespen (C. lenticularis) erzeugt flache, linsengroße Gallen, die einen feinen Haarüberzug haben und entweder gelb oder rot sind. Eine andere Reihe von Arten dieser sonderbaren Gäste baut sich ähnliche Brothäuschen an den Zweigknospen, andere an den Fruchtbechern, noch andere sogar an den freiliegenden Wurzeln. Am wichtigsten sind unstreitig jene festen Galläpfel, welche auf den Galläpfeleichen Kleinasiens wachsen und die zur Bereitung von Tinte und schwarzer Farbe nach anderen Ländern verschifft werden. Die Engländer und Holländer holen in manchen Jahren mehr als 10 000 Zentner davon weg. Nächstdem sind die sogenannten Knoppern geschätzt. Diese entstehen besonders auf den Stieleichen Ungarns, kommen aber auch einzeln schon in Süddeutschland vor. Sie werden ebenso zum Färben wie zum Gerben verwendet.

Die kleinen Larven der Gallwespen puppen sich schließlich in den Galläpfeln ein und verwandeln sich dann wieder in Gallwespen, die sich aus ihrem Gefängnis herausbeißen müssen, wenn sie etwas von den Blumen und dem Sonnenschein draußen sehen wollen.

Es kommen zwar auch auf anderen Bäumen, ja selbst auf Kräutern genugsam Gallwespen vor, aber auf der anderen Seite rühren nicht alle Gallauswüchse, die wir an den Gewächsen sehen, von Gallwespen her. Es lieben auch noch manche andere kleine Insekten dieselbe Art und Weise, ihre Jungen bei den Blättern in Kost und Logis zu versorgen.

So bemerkst du gleich nebenan an den Blättern des Rotbuchenbusches zweierlei Gallauswüchse nebeneinander; die einen sind glatt, glänzend und oben in Spitzchen ausgehend (Anfangsbild Fig. 2), die anderen, öfter an der Unterseite des Blattes befindlichen sind kleiner, kugelig und rauhhaarig. Beide stammen von Buchengallmücken her (**Cecidomyia Fagi** und **C. annulipes**). Du weißt, daß die Mücken sich sogleich durch ihre zwei schmalen Flügel von den vierflügeligen Gallwespen unterscheiden und daß bei ihnen an der Stelle der Unterflügel gestielte Schwingkolben stehen. Da die Buchengallmücken innerhalb der Gallen, die mitunter nicht größer sind als ein Stecknadelkopf, ihre Verwandlungen durchmachen, so wirst du schon hieraus schließen, wie winzig die Mücken selbst sind, und dich nicht wundern, wenn du sie bisher übersehen hast.

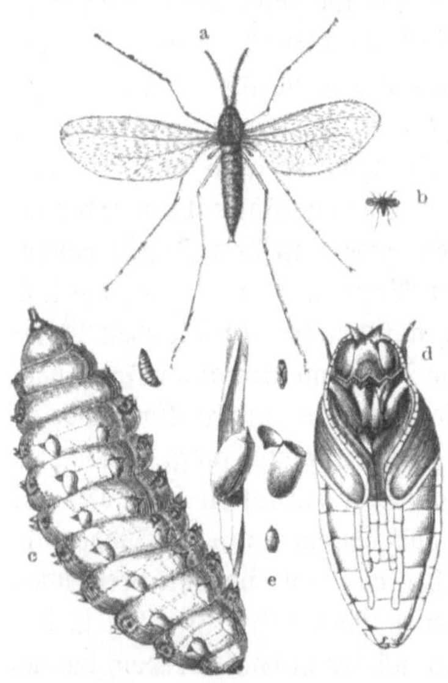

a Harzgallmücke vergrößert, b natürliche Größe, c Larve, d Puppe, e Harzgalle.

Jetzt sehen wir auch auf jener Seite des Weges den Kiefernbusch an, ob er etwa ähnliche Gäste beherbergt. An mehreren Nadeln bemerkst du weiße, länglichrunde Harzklümpchen von der Größe eines Mohnkörnchens (e). Vielleicht meinst du zunächst, diese Harztröpfchen seien ausgeschwitzt oder von den Zweigen darauf geträufelt. Siehst du mit Hilfe des Vergrößerungsglases die Körnchen aber genauer an, so erkennst du in ihnen Wohnungen kleiner Tiere. Es sind Harzgallen, und die in ihnen lebenden Maden sind die Larven einer Harzgallmücke (**C. Pini**). Das Harz bildet ein förmliches Häuschen, innerhalb desselben hat sich aber das Würmchen noch mit einem Kokon aus Seidenfäden umgeben. Dort puppt sich's auch ein, und die fertige Mücke stößt beim Auskriechen an einem Ende ein Deckelchen ab, welches die Harzgalle wie ein Türchen verschloß.

Einige Nadelpaare des Kiefernbusches fallen dir durch ihre rötliche Färbung auf. Zugleich sind sie kleiner und unten etwas aufgeschwollen. In dem engen Raume der häutigen Scheide, welche jedes Nadelpaar an seinem Grunde umgibt, wohnt die Larve einer anderen Gallmückenart (**C. brachintera**), nährt sich daselbst vom Zeitpunkt des Auskriechens aus dem Ei an bis zum Einpuppen und kriecht erst als ausgewachsene Mücke hervor.

Der Zweig daneben zeigt eine Kolonie Raupen von grünlicher und von braungrauer Farbe (S. 125, Fig. 3). Sie haben ein gut Teil Nadeln auf ihrem Gebiete bereits abgefressen und werden sich gewiß bald einpuppen. Siehe, da hängt auch schon an einer Nadel ein kleiner Kokon. Willst du ihn mit nach Hause nehmen und das Ausschlüpfen des Bewohners abwarten? Laß dich aber nicht enttäuschen, denn es wird nicht etwa ein buntfarbiger Schmetterling hervorkommen, sondern eine Blattwespe (Lophyrus Pini) mit vier glashellen Flügeln und gelb und schwarz gezeichnetem breiten Leibe. Hast du mehrere solcher Kokons ausschlüpfen lassen, so findest du größere Blattwespen, das sind die Weibchen, und kleinere, welches die Männchen sind. Beim Ausschlüpfen stößt das Insekt einen Deckel vom Kokon ab, wie eine kleine Kappe, und vergnügt sich dann mit Umherfliegen. Als Larven (Afterraupen) weiden die Blattwespen die Kiefernadeln ab, als vollendete Wespen dagegen zeigen sie in ihren Sitten ein Stück Raubtiernatur. Sie stellen sich auf den Blumenbeeten des Waldes ein, aber nicht um Honig zu nippen, wie die Mücken und viele andere Insekten, sondern um kleinere Fliegen und Hautflügler zu packen und aufzufressen. Sie lassen dann nur die trockenen Flügel von ihnen übrig.

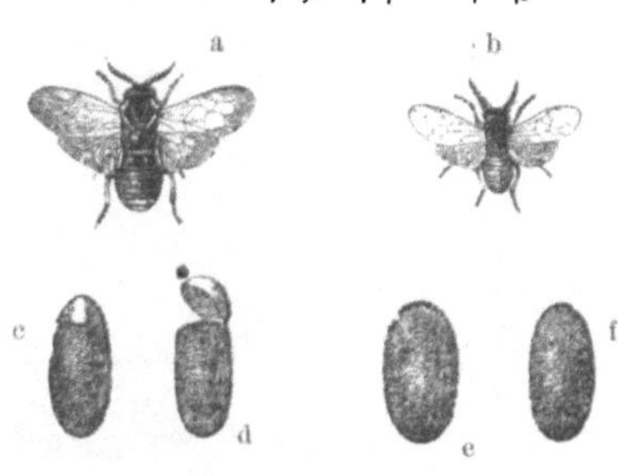

Kiefernblattwespe,
a Weibchen, b Männchen, c—f Puppen, d von der Blattwespe geöffnet, e von der Schlupfwespe durchbrochen, f von einer Fliege durchbohrt.

Die Strafe bleibt aber nicht aus, denn jene kleinen Leute rächen sich wieder an der Brut der Blattwespen. Wir werden es vielleicht selbst sehen, wenn wir ein Weilchen die Kolonie der Blattwespenraupen beobachten. Sieh da, eine kleine schlanke Schlupfwespe (Ichneumon marginatorius) läßt sich soeben auf dem Kiefernzweig nieder und prüft mit den dünnen Fühlern die Umgebung. Sie bewegt dieselben fortwährend höchst lebhaft auf und ab und erhielt davon auch den Namen Wipperwespe. Sie mag ungefähr die Länge des Nagels an deinem kleinen Finger haben, ist dabei aber sehr dünn und ihr gebogener Hinterleib nur mittels eines höchst feinen Stielchens am Bruststück befestigt. Das letztere sowie das Köpfchen ist schwarz, der Hinterleib schwarz und gelb geringelt. So marschiert sie keck auf die Schar der Blattwespenraupen los.

Diese sind eben im besten Fressen begriffen und richten sich von Zeit zu Zeit gemeinschaftlich mit dem vorderen Teile des Körpers auf, als machten sie sich gegenseitig Komplimente. Die Wipperwespe aber geniert sich nicht. Wie ein kleiner Tiger ist sie mit einem flinken Satze auf dem Rücken der ziemlich ausgewachsenen Raupe. Diese mag zappeln, wie sie will, die Schlupfwespe packt sie fest und hängt ihr ein Ei an, das sie mittels eines kleinen Häkchens befestigt. Die Raupe kann sich von dem fatalen Geschenk nicht befreien. Sie spinnt kurz darauf ihren Kokon, um sich in demselben einzupuppen und ihre Verwandlung zur geflügelten Blattwespe abzuwarten. Jetzt schlüpft aber das Räupchen der Wipperwespe aus dem anhängenden Ei und saugt die schlafende Blattwespenraupe aus. Sie verzehrt sie vollständig, so daß schließlich nur noch die leere Haut als verschrumpftes Häufchen in einem Winkel des Kokons übrig bleibt. Von der reichlichen Kost erwächst die Larve der Schlupfwespe schnell zur vollen Größe und spinnt nun ihrerseits ebenfalls einen Kokon, der innerhalb des Kokons der Blattwespe liegt. Sie puppt sich in denselben ein und kommt nach einiger Zeit als fertige Schlupfwespe zum Vorschein, die sich durch die doppelte Kokonhülle ins Freie hinausarbeitet. Mehr als 30 Schlupfwespenarten kennt man, die alle ihre Eier in die Afterraupen der Blattwespen legen. Afterraupen oder falsche Raupen nennt man die Larven der letzteren zum Unterschied von den echten Raupen, aus denen Schmetterlinge werden. Viele andere Schlupfwespen legen ihre Eier in die Raupen von Schmetterlingen, ja manche sind so klein, daß sie sich mit den Schmetterlingseiern begnügen. In solchem Ei, welches selbst kleiner als ein Stecknadelkopf ist, lebt das Würmchen, frißt sich groß, puppt sich dort ein und kriecht am Ende als Schlupfwespe heraus.

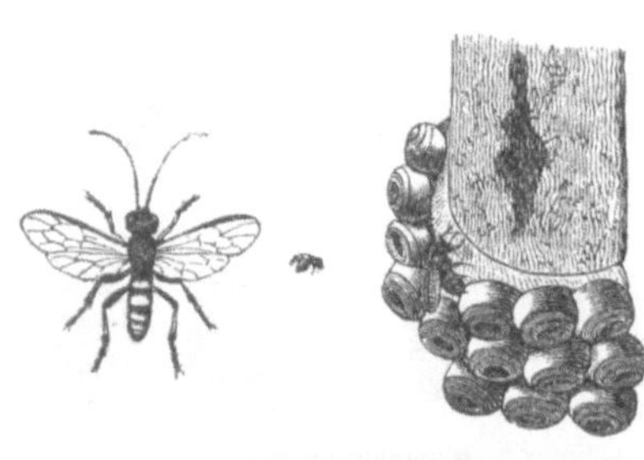
Links eine Schlupfwespe (Ichneumon marginatorius), nat. Größe. Rechts die Eier des Ringelspinners (Gastropacha neustria) und eine Schlupfwespe (Ichn. laeviusculus), welche sie ansticht, vergrößert. Daneben die Schlupfwespe in nat. Größe.

Doch sehen wir wieder nach unserer Raupenkolonie. Da kommt schließlich noch eine echte Fliege (Tachina simulans) dahergesummt, eine Verwandte unserer bekannten Stubenfliege (vgl. Bd. I, S. 5). Flink und keck springt sie auf dem Kiefernzweige hin und her, von einem Nadelpaar zu dem anderen. Sie ist etwa einen halben Fingernagel (6 Millimeter) lang, sieht schwarz aus und hat eine silberweiße Stirn. Ihr Hinterleib ist sehr stark behaart und am Grunde grauweiß geringelt. Sie scheint zu untersuchen, ob noch eine Raupe für sie übrig geblieben ist. Richtig, da findet sich eine, und ehe es sich die Raupe versieht, ist ihr das Ei angehängt, und sie kann sich nicht davon befreien, es klebt fest an ihrer Haut, und die Fliege summt lustig weiter. Nach kurzer Zeit schlüpft aber an der Stelle, wo das Ei festhängt, die Fliegenmade heraus und bohrt sich sofort in den Raupenleib, ohne daß nur äußerlich etwas zu bemerken ist. Innen treibt sie es nun ganz wie die Larven der Schlupfwespen. Die Blattwespenraupe puppt sich ein, aber in ihrem Innern frißt die Fliegenmade weiter und puppt sich schließlich dort ebenfalls ein. Es kommt dann am Ende eine Fliege aus dem Blattwespenkokon, so töten die Fliegen die Brut der Blattwespen, und die Blattwespen überfallen wieder die Fliegen. Die Raubkäfer nehmen auch an dem kleinen Kriege im Busche lebhaften Anteil, und die flinken Ameisen lesen am Ende die übrig gebliebenen Beinchen und die Verwundeten oder Toten zusammen und tragen alles nach ihrem Haufen.

Bereits bei unseren ersten Entdeckungsreisen in der Wohnstube haben wir am Rosenstöckchen die Scharen der lästigen Blattsauger (Blattläuse) bemerkt, die hier zu unserem Verdruß sich hartnäckig einfinden. Zugleich lernten wir dabei auch die Larven des Marienkäferchens und der Schwebfliege als treffliche Vertilger jenes widrigen Ungeziefers kennen. Im Walde fehlt es ebenfalls an Blattsaugern der verschiedensten Sorten nicht. Manche derselben, die sogenannten Wollläuse, sondern nach jeder Häutung aus ihrem Körper eine wunderbare Masse aus, welche sie einhüllt, als seien sie mit schneeweißen Flaumfedern bedeckt. Gelegentlich findet man sogar einen ganzen Busch von diesen weißen Federhäufchen so dicht überzogen, daß er davon ein ganz fremdartiges Aussehen erhält. Andere Arten siedeln sich an Blättern, z. B. an jenen der Rüster, an und verursachen durch ihre Stiche an denselben blasige Auftreibungen von der Größe einer Walnuß bis selbst zu einer Faust. Wieder andere saugen sich am Grunde jener Fichtennadeln fest. Die von ihnen befallenen Zweiglein erhalten ein so verändertes Aussehen, daß sie kleinen ananasartigen Fichtenzapfen ähneln. Eine dieser letzteren Arten sieht schön rot aus und trägt ein weißes Wollkleid. Manche Schlupfwespenarten

(z. B. Bassus albosignatus) suchen die Blattlauskolonien auf und erquicken sich an dem süßen Safte, den jene bekanntlich ausscheiden. Sie leisten darin den Ameisen Gesellschaft, die in langen Zügen von ihren Bauten nach Sträuchern und Bäumen hinaufmarschieren.

Mitten unter den Blattsaugern treffen die Schlupfwespen nun auch die Larven der Marienkäferchen und der Schwebfliegen, die heißhungrig unter denselben aufräumen, wie Wölfe unter einer Schafherde. Die Schlupfwespen benutzen die Käfer- und Schwebfliegenlarven, um ihnen ihre Eier anzuhängen, und es wiederholt sich bei ihnen derselbe Vorgang wie bei den Larven der Blattwespen.

Noch gar vielerlei Fliegen und Wespen schwirren auf den Blumen vor uns umher. Eine große Holzwespe brummt mit tiefem Baßtone vorüber, Mücken singen feine Liedchen dazu. Goldwespen schimmern grün, rot, und blau wie lebendige Edelsteine, Erdwespen ziehen auf Beute aus, und Schwebfliegen schwirren wie kleine Sperber über das Getümmel drunten hinweg. Wer möchte sie alle nennen!

Wider alle Wunden gibt's ein kräftig Kraut,
Der hat Heilung funden, der dies Kräutlein baut;
In des Glaubens Garten ist es nur zu schau'n,
Lern' das Kräutlein warten, es heißt Gottvertrau'n!

Tieck.

17.

Arznei- und Wunderkräuter des Waldes.

(Eine Waldfahrt mit dem Kräutermann.)

Heute werde ich bei unserer Waldfahrt den Kräutermann vorstellen oder meinetwegen den Apotheker. Aber erschrick nicht, mein Kind, du sollst weder Säftchen, noch Tee, noch sonstige Dinge aus des Apothekers Küche verschlucken; ich werde im Gegenteil Gelegenheit finden, dich vor allerlei Dingen im Walde zu warnen, damit du nicht Schaden nimmst!

Man hatte früher allgemein die Ansicht, der liebe Gott habe jedes Gewächs im Walde und im Felde geschaffen, damit es dem Menschen bei einer ganz besonderen Veranlassung einen Dienst erweise. Nun nahm man sich viel Mühe, diesen Nutzen der Pflanzen ausfindig zu machen, und je weniger solches bei einzelnen gelingen wollte, zu desto verschiedeneren Zwecken wurden sie erprobt. Dabei ging man obendrein noch von dem irrigen Gedanken aus, daß bei uns dieselben Pflanzen wüchsen, welche die alten griechischen Ärzte in ihrer Heimat heilsam befunden hatten.

Konnte man bei einer Anzahl gar nichts ausfindig machen, so meinte man, sie müßten wenigstens dazu geschaffen sein, daß man beim Gehen auf etwas Weiches trete.

Es fehlt uns an Zeit, alle Gewächse unseres Waldes darauf anzusehen, wozu man sie einst zu verwenden suchte und wozu man sie gegenwärtig benutzt. Es würde dir vielleicht auch die Geduld dabei zu Ende gehen. Ich will dich nur auf einige von den interessantesten aufmerksam machen, welche wir am Wege treffen; andere werden wir später noch bei unseren Entdeckungsreisen in Feld und Flur kennen lernen.

Gleich hier am Wege hast du Tausende von Pflänzchen des Widertonmooses (Polytrichum commune). Die fingerlangen purpurroten Stiele tragen Fruchtkapseln, mit goldgelben Hauben besetzt. Schon der Name sagt dir, daß man das niedliche Gewächs ehedem als ein Mittel wider das „Antun", d. h. gegen das Behexen, ansah. Man nähte es vorzüglich Kindern in die Kleider, um sie dadurch gegen die Zauberkünste der Hexen und Hexenmeister sicher zu stellen. Da solche Behexereien nun an und für sich nicht vorkamen, sondern nur in der Einbildung der abergläubischen Leute vorhanden waren, so mußte das hübsche Haarmoos so viel oder so wenig helfen, wie die große Anzahl anderer Pflanzen, die man zu demselben Zweck empfahl, als da sind: Beifuß, Johanniskraut, Beschreikraut, Berufskraut, Doranth, Mistel usw.

Wegen seiner goldenen Haube kam dasselbe Moos auch in Verdacht, daß es vielleicht bei der Herstellung der gewünschten Goldtinktur behilflich sein könnte, deren Bereitung sich vor alters die Alchimisten so angelegen sein ließen. Mit Hilfe dieser Tinktur hoffte man ordinäre Steine und gewöhnliche Metalle in Gold, dann aber auch arme Leute in reiche, unglückliche in glückliche, kranke in gesunde verwandeln zu können. Auch die Goldmilz (Chrysosplenium), die du dort am feuchten Ufer des Baches siehst, und der Frauenmantel (Alchemilla), der an unserem

Fußpfade die goldig schimmernden Blütentrauben über die kreisrunden, zierlich gezackten Blätter erhebt, standen in gleichem Ansehen, und letzteres Kraut nannte man geradezu den kleinen Alchimisten.

Hier unter dem Haselbusch schwankt der gebogene Stengel der vielblütigen Maiblume. Ihr weißer, knotiger Wurzelstock ward von den alten Kräutermännern als „Salomonssiegel" bezeichnet. Sie boten ihn solchen Leuten zum Kauf an, die gern verborgene Schätze heben wollten, um auf einmal steinreich zu werden. In Kriegszeiten, an denen es unserem lieben Vaterlande leider niemals gefehlt hat, mochten wohl manche ihr Geld im Walde vergraben haben. Mancher war auch vielleicht darüber gestorben, ehe er's wieder hervorziehen konnte. Dergleichen sollte die Springwurz anzeigen. Auch eine solche Haselgerte, wie sie uns eben hier zur Hand ist, gabelig gewachsen, war ein sehr berühmtes Ding. Man nannte sie Wünschelrute und meinte, daß sie, wenn man sie in der Hand hielt, dahin zuckte, wo in der Erde edle Metalle lägen, auch glauben selbst heute noch manche, daß sie imstande sei, unterirdische Wasserläufe anzuzeigen.

Bergwohlverleih.

Manche Pflanzen zeigen wirklich auch die Beschaffenheit des Bodens an. Manche Knabenkräuter, Steinkräuter und selbst manche Moose mögen nur auf Kalkboden wachsen, eine Anzahl anderer Gewächse steht nur auf Sand. Es gibt auch eine Veilchenart, das Galmeiveilchen (Viola calaminaria), dem Stiefmütterchen ähnlich, das sogar ein Metall, das Zink, anzeigt — von anderen dagegen ist noch nichts weiter bekannt geworden.

Auf dem steinigen Platze hier findest du auch einen ganzen Busch Eisenkraut (Verbena officinalis); das war vormals, zur Zeit des Dreißigjährigen Krieges, eine gut bezahlte Ware, denn wer es im Wams eingenäht trug, der war ebenso kugelfest und unverwundbar gegen Stich und Hieb dadurch, als wenn er — Allermannsharnisch (Gladiolus) oder Siegwurz (Allium victoriale) zu demselben Zweck verwendet hätte.

Was raschelt drüben im Busch? Sieh dort eine Frau mit einem Korbe, die emsig sucht und pflückt. Sie besieht die Blätter aufmerksam, die sie in der Hand hält, und wirft sie in ihren Korb. Wäre sie alt genug und hätte sie vielleicht gar rote, entzündete Augen und eine große Nase dabei, so würde in alten Zeiten jeder überzeugt gewesen sein, es sei ein gefährliches Waldweib, das Hexenkraut suche, um irgendeine schlimme Salbe oder einen geheimnisvollen Trank daraus zu brauen. Manches arme Weib ist ehedem als Opfer des gräßlichen Aberglaubens gestorben, weil sie im Wald Kräuter gesucht hat.

Was sucht jene Frau eigentlich? Treten wir näher zu ihr und schauen zu, was sie treibt. Wir sehen, ein kleines Mädchen ist bei ihr, das hat einen großen Strauß Bergwohlverleih (Arnica) gepflückt. Es wird ihn morgen zur Stadt tragen und zum Verkauf anbieten. Spiritus, der auf Arnikablüten gestanden, ist ein Heilmittel bei Verwundungen und Quetschungen und mancherlei Übel. — Die Frau selbst sucht Bibernellwurzeln (Pimpinella saxifraga) und Fingerhutblätter.

Wir haben hier ein Kraut vor uns, das gegenwärtig wirklich noch in der Apotheke benutzt wird, den Roten Fingerhut (Digitalis purpurea). Es ist eine stattliche Pflanze mit ihren purpurnen Blütenglocken, dabei aber stark giftig. Die Arznei, welche aus ihren Blättern hergestellt wird, verschreibt der Arzt den Kranken, wenn dieselben an heftigen Blutwallungen leiden. Wir machen es uns zur Regel, im Walde durchaus kein Blatt einer Pflanze in den Mund zu nehmen, die wir nicht genau kennen. Wir könnten sonst gelegentlich wenigstens geschwollene Lippen davontragen, wenn nicht Schlimmeres.

Bist du durstig? Gut, hier hast du ein Blättchen vom Sauerklee oder eins vom Sauerampfer, sie schmecken kühlend, säuerlich und angenehm. Aber lege einmal dies Blatt der Pfefferminze auf die Zunge, wie wirkt das sonderbar! ähnlich den Pfefferminzkügelchen, die der Konditor aus dem Safte derselben Pflanze macht.

Jetzt gebe ich dir zur Abwechslung ein Blatt vom Andorn (Marrubium vulgare) zu kosten. Hu, was machst du für ein schlimmes Gesicht und rufst: „Wie bitter!“ Du kannst dir jetzt denken, wie ein Tee aus solchen Blättern schmecken muß, den man ehemals als Hausmittel bei Brustkrankheiten empfahl. Du wirst dich nicht wundern, daß die Leute den Andorn „Gott vergessen“ nannten.

Derselbe bittere Geschmack wird dir bei mehreren anderen Waldkräutern auffallen, die ich dir zeige. So hast du gleich hier die allerliebste Polygale (Polygala amara), deren hübsche Blütentraube ebenso blau wie rosa und weiß vorkommt, dann auch den arzneilichen Ehrenpreis (Veronica officinalis) und das Tausendgüldenkraut (Erythraea Centaureum), die beide schon durch ihre Namen anzeigen, in welch hohem Ansehen sie bei den Leuten standen. Sie sind alle rein bitter und wetteifern mit dem Wermut. Trotzdem aber finden sie gegenwärtig nur noch wenig Benutzung. Ganz ähnlich ist es mit einer ziemlichen Anzahl von Pflanzen, die von den alten Pflanzenkennern mit dem Beinamen „arzneilich" (officinalis) beehrt wurden, nach denen aber gegenwärtig weder Arzt noch Apotheker mehr fragen, z.B. der arzneiliche Augentrost (Euphrasia officinalis) wird nur noch in der Homöopathie gebraucht, das arzneiliche Lungenkraut (Pulmonaria officinalis), die Hundszunge (Cynoglossum officinale), das Himmelsschlüsselchen (Primula officinalis), die Ochsenzunge (Anchusa officinalis), die Schwalbenwurz (Vincetoxicum officinale) usw. Selbst das Gottesgnadenkraut (Gratiola officinalis) mag keiner mehr leiden.

Roter Fingerhut.

Wir sind währenddessen bergauf gestiegen und langen jetzt auf einem felsigen Bergrücken an, von dem aus wir in eine schmale Schlucht hinunterschauen. Wir ruhen uns hier auf einem der bemoosten Steine etwas aus.

Zur Seite sprießen hohe **Eisenhut**stauden (Aconitum Napellus und Lycoctonum), die einen mit schön blauen, die anderen mit grüngelblichen Blumen. Hier mögen wir uns wohl hüten, ein Blatt zu kosten, und begnügen uns mit dem Ansehen. Der Eisenhut ist einer der schlimmsten Burschen des Bergwaldes, betäubend, giftig und scharf zugleich. Selbst der Honig in seinen Blüten hat dieselben Eigenschaften, und der Hummelhonig soll in solchen Gegenden, in denen viel Eisenhut steht, Vergiftungsfälle herbeigeführt haben. Dort hinten zwischen dem Felsgeklüft in der Schlucht hausten, wie die Chronik erzählt, vor alters zahlreiche Wölfe. Abends kamen sie hervor und suchten die Herden des Landmanns zu berauben. Im Winter fielen sie selbst die Menschen an und kamen bis an die Wohnungen heran. Schießgewehre waren noch nicht häufig vorhanden, man verstand weder gut mit ihnen umzugehen, noch ließen die häßlichen Raubtiere den Jäger leicht zum Schuß kommen. Sie vermieden schlau die Gefahren. Damals bediente man sich der Wurzeln des Eisenhutes häufig, um die Wölfe damit zu vergiften. Man pulverisierte die Wurzel und bestreute Fleischstücken damit, die man in den Wald legte. Heißhungrig fielen die Tiere darüber her, verschlangen sie und starben dann.

Eisenhut.

Die **Tollkirsche** (Atropa Belladonna) werden wir im lichten Buschwalde am sonnigen Bergabhange antreffen. Kaninchen und Schmetterlingsraupen zehren unbeschadet von ihren Blättern, für den Menschen aber sind alle Teile des Gewächses, besonders die kirschenähnlichen Beeren, ein tödliches Gift, das in heftiger Weise auf das Gehirn und das Nervenleben einwirkt. Es wirkt betäubend und hat darin viel Ähnlichkeit mit dem Stechapfel und Bilsenkraut, mit denen das Gewächs auch im Blütenbau verwandt ist. Du wirst dich vielleicht verwundern, woher das giftige Gewächs den schönen Namen Belladonna, d. i. schöne Dame, erhalten hat. Waschwasser, mit seinem Safte versehen, soll die Haut weich machen. Tropfen, in geringer Gabe eingenommen, verursachen große Pupillen, die manche für recht schön halten. Die Alraun, von der man ehedem die wunderbarsten Geschichten erzählte, ist eine nahe Verwandte der Tollkirsche. Sie wächst aber nicht in unseren Waldungen, sondern kommt nur im Süden Europas vor.

Tollkirsche.

Eine größere Anzahl Waldkräuter haben scharfe, ätzende Säfte. So zeigt sich gleich im ersten Frühjahr die Buschanemone (Anemone nemorosa) als ein Mittel, um Blasen auf der Haut zu erzeugen. Noch kräftiger als sie wirken mehrere Hahnenfußarten, so der scharfe, der brennende, der sellerieblätterige u. a. Willst du dir einen Zweig von der Waldrebe abreißen, die, mit weißen Blütensträußen geschmückt, über den Busch hin klettert, so sei vorsichtig dabei, denn du kannst leicht von ihrem Safte ebenfalls Blasen an den Fingern erhalten. Alle diese Pflanzen sind mit dem Hahnenfuß zu derselben Familie gehörig, der Eisenhut auch sowie die schwarze Nießwurz, die in den Gebirgswäldern vorkommt, ferner die Pulsatille und das schwarzbeerige Christophskraut.

Noch schärfer ist der Saft des Seidelbastes oder Kellerhalses (Daphne Mezereum). Es sind dies ein niedriges Sträuchlein mit heller, glatter Rinde, das schon im März, ehe es Blätter treibt, mit fleischfarbigen, stark hyazinthartig riechenden Blüten besetzt ist. Man sammelt die Zweige, schält die Rinde von ihnen ab und braucht dieselbe statt Blasenpflaster. Das letztere kommt vom Pflasterkäfer, der sich mitunter an den Eschen einstellt. Im Sommer hat der Kellerhals übelriechende Blätter und feuerrote Beeren, die ohne Stiele unmittelbar an den Zweigen sitzen.

Kellerhals.

Ganz ähnliche Beeren mit gleich scharfem Safte hat auch der Aronstab (Arum maculatum); dieser kommt auch gleich beim Anfange des Frühjahrs an feuchten Stellen zum Vorschein und sieht mit seinen großen, pfeilförmigen und dunkelgefleckten Blättern und seiner sonderbaren Blütentüte ganz hübsch aus, fast wie die Calla, die man im Blumentopf pflegt. An ähnlichen Stellen des Waldes werden wir auch die Einbeere (Paris quadrifolia) treffen, die an ihren vier, ein Kreuz bildenden ovalen Blättern sich sofort von allen anderen Waldblumen unterscheidet. Die schwarze Beere, welche aus ihrer grünlichen, unansehnlichen Hülle entsteht, gilt ebenfalls als giftig. In manchen Gegenden zerrieb man vormals die weißen Wurzelknollen des Aronstabes, wässerte sie gehörig aus, so daß der scharfe Saft entfernt wurde, und gewann dadurch ein Stärkemehl, das sich genießen ließ. — Unter den Mehl liefernden Waldpflanzen sind die verschiedenen Knabenkräuter (Orchideen) aber wichtiger für den Kräutermann als der Aron. Er sticht die eirunden Knollen derselben aus, reinigt sie von der Erde, reiht sie an Schnüre und verkauft sie als „Salepwurzeln" an den Apotheker. Von diesem werden sie als eine sehr nährende, mildschleimige Speise schwächlichen und kränkelnden Kindern geboten.

Aronstab, eine blühende Pflanze verkleinert, links der Blütenkolben in natürlicher Größe, unten die Stempel, darüber Staubgefäße.

Doch kehren wir für heute um von unserer Kräuterlese und pflücken wir auf dem Rückwege noch ein Sträußchen solcher Gewächse, von denen wir wenigstens nichts Böses zu fürchten haben. Zuerst nehmen wir eine rote Blütentraube des **Baldrians** (Valeriana officinalis). Sie riecht auffallend stark, doch nicht gerade unangenehm, und soll, samt ihrer noch stärker riechenden Wurzel, sich des besonderen Wohlgefallens der Katzen erfreuen. Ehedem wußte man noch mehr Geschichten von der Liebhaberei der Tiere für gewisse Kräuter zu erzählen. Hirsche und Bären gingen dem stark riechenden Lauch (Allium ursinum) nach, der Habicht hatte eine Vorliebe für die Habichtskräuter, Schlangen sollten die Pfenniglysimachie bevorzugen, die mit ihrem Stengel schlangengleich am Boden hinkriecht. Der Specht hielt es angeblich mit dem Weißwurz usw.

Zum Baldrian fügen wir etwas Engelwurz (Angelica officinalis). Es ist dies ein Doldengewächs, fast so hoch wie ein Mann und gewürzhaft riechend wie die meisten Doldengewächse, die an trockenen, sonnigen Stellen gedeihen. Seine Fiederblättchen gleichen genau den Rosenblättern. Etwas Kümmel, Bärwurz, Waldwurz nehmen wir noch dazu, vielleicht auch Liebstöckel und Meisterwurz — alles gewürzhafte Dolden.

Das hübsche gelbe Blümchen hier im Schatten der Büsche ist Nelkenwurz (Geum urbanum). Sein Name veranlaßt uns, es mit der Wurzel auszuziehen. Diese riecht wirklich ganz angenehm nelkenartig, besonders wenn wir sie etwas reiben. Ihr ähnlich ist die Tormentill (Tormentilla erecta), die wir sofort an den vier Blütenblättern ihrer hellgelben Farbe erkennen.

Wir können noch einen Blütenzweig des buntblütigen Hohlzahn (Galeopsis versicolor) dazu fügen, der jetzt wieder als besondere Arznei gegen Lungenkrankheiten in den Zeitungen gepriesen wird — dann duftende Minze, Melisse und Thymian, wenn uns der Strauß nicht zu groß wird. Wir fanden bereits der Arzneischätze diesmal so viel, daß wir mehrere Tage lang daheim Beschäftigung haben, wollten wir sie sämtlich genauer in bezug auf ihren Blüten- und Fruchtbau untersuchen, mit ihren Verwandten vergleichen und ihre Eigentümlichkeiten uns merken.

Ich wünsche dir aber herzlich, daß du nur an ihren vielfachen schönen Formen dich erfreuest und nie Gelegenheit erhalten mögest, ihre Kräfte aus des Apothekers Küche zu schmecken. Himbeeren, Heidelbeeren und Erdbeeren sind stets angenehme Bewohner des Waldes, und Roggen und Weizen für Kinder ebenso schöne und viel nützlichere Wunderkräuter.

18.

Die Nachtigall
und andere
Waldsänger.

Wir Vögel singen nicht egal,
Der singet laut, der andere leise,
Kauz nicht wie ich, ich nicht wie Nachtigall,
Ein jeder hat so seine Weise! (Kuckuck.)

Claudius.

Du hast schon mancherlei erzählen hören von den Wäldern heißer Gegenden und dir vielleicht auch schon gewünscht, einmal in ihnen lustwandeln zu können. Es ist wahr, neben Giftschlangen, Tigerkatzen, Stechfliegen und Fieberluft haben die Länder des warmen Asien und Amerika auch viel Herrliches; majestätische Palmen, üppige Schlinggewächse voll herrlicher Blüten, flinke Affen und buntfarbige Papageien, alles Dinge, von denen wir in dem Walde unserer Heimat nichts finden; allein sie entbehren auch wieder manches, was der deutsche Wald bietet! Sie haben weder einen lieblichen Frühling, ein allgemeines Erwachen nach dem Winterschlaf, noch tönt in ihnen der Jubel der Singvögel, das Lied der Nachtigall.

Die Nachtigall (Fig. 4) kennt jenen Unterschied ja recht gut. Während des ganzen Winters weilte sie in den Waldungen Afrikas jenseits des Mittelmeeres. Dort hörte sie das Brüllen des Löwen, sah Palmenkronen und blühende Akazienwälder — kein Schnee, kein Frost ward ihr lästig — aber warum bleibt sie nicht dort im warmen Lande? Warum baut sie nicht in den Wäldern Afrikas ihr Nest und zieht ihre Kleinen groß? Wir wissen es nicht, welche Gefahren und Übelstände ihr dort drohen; wohl aber sehen wir, daß die Nachtigall und alle übrigen lieblichen Sänger des Waldes beim Beginn des Frühlings sich auch wieder in unseren Forsten einstellen und ihre Lieder mit der allgemeinen Frühlingswonne vereinigen.

Ihr Zug geht über das Mittelmeer, ganz Italien entlang, dann über die noch schneebedeckten Alpen zu uns. Hier sucht jeder Vogel sein Plätzchen wieder, das er im vorigen Jahre bewohnte; die Jungen schauen sich um, ob sie ein Wäldchen treffen, in welchem für sie noch Platz ist.

Mitte April kommen die Nachtigallmännchen schon an, die Weibchen 8—10 Tage später. Gleich nach ihrer Ankunft ertönt auch ihr wunderbar schöner Gesang, der jeden entzückt, so daß er stehen bleibt und den herrlichen Vogel betrachtet. Wer möchte dem Meistersänger etwas zuleide tun? Wer möchte ihn verscheuchen? Darum ist die Nachtigall auch zutraulich und kirr und scheut den vorübergehenden Menschen gar wenig. Kaum höher als mannshoch sitzt sie auf dem Gesträuch oder dem niederen Baum, ganz in ihre Lieder vertieft. Wir können sie mit aller Muße betrachten. Ihr Federkleid ist höchst einfach gefärbt, wie dasjenige fast aller unserer besseren Singvögel. Der Rücken ist rötlich braungrau, die Unterseite grauweißlich. Der rostrote Schwanz ist halb aufgerichtet, die Flügel sind während des Singens etwas geöffnet.

Du erstaunst über die Stärke des Tones und über die Ausdauer des Sängers! Wie stark müßte eines Menschen Stimme erklingen, wie lange müßte er die Töne beim Gesang aushalten können, wenn seine Stimme jene der Nachtigall um ebenso viele Mal überträfe, wie sein Körper größer ist als der Körper des Vögelchens! Du merkst wohl, daß der Körper der Nachtigall ganz anders innerlich eingerichtet ist als dein eigener. Die Lungen des Tierchens sind verhältnismäßig viel größer; Luftbehälter stehen mit ihnen in Verbindung und ermöglichen ein langes Aushalten der Töne. Die Luftröhre selbst hat einen doppelten Kehlkopf, einen oberen und einen unteren. Dies alles trägt bei, den fleißigen Sänger zu unterstützen.

Du hast in den Märchen manchmal gelesen von glücklichen Sonntagskindern, denen es vergönnt war, die Stimmen der Vögel zu verstehen, und wirst dir dabei gedacht haben, wie hübsch es sei, wenn du diese Kunst auch verständest! Du kannst sie lernen, wenn du aufmerksam bist! Frage nur deinen vogelkundigen Freund, wenn du ihn bei einem Ausgange in den Wald begleitest; er wird dir nicht nur sagen können, von welchem Vogel der Ton stammt, den du eben hörst, sondern er weiß auch genau, was das Tierchen mit seinem Rufe meint.

Wie tief afflötend und schmetternd sind die Lieder der Nachtigall, wenn sie „dichtet", wie es der Vogelkenner zu nennen pflegt, wenn sie sich und dem Weibchen zur Lust singt und minutenlang aushält! Ganz anders klingt es, wenn sie das entfernte Weibchen lockt. Ein kurz ausgestoßener leiser Laut dient den Sängern als Warnung bei drohender Gefahr — werden sie überrascht, so verrät ein kurzer Schrei ihren Schrecken. Mit anderen Tönen begrüßen sich die befreundeten Vögel, mit zornigem Kreischen und Schreien gehen sie dagegen den Feinden entgegen. Wie abscheulich vermag die Nachtigall zu schreien und zu schelten, wenn etwa ein anderes Nachtigallmännchen ihr zu nahe kommt oder ein Raubtier ihr lästig wird. Ein und derselbe Ton mehrmals lang ausgehalten, drückt gewöhnlich Behaglichkeit aus; ganz verschieden davon klingt der Vogelschrei, den der Schmerz oder die Angst verursacht; wieder anders die Art und Weise, in welcher Männchen und Weibchen miteinander sprechen oder sich mit ihren Jungen unterhalten.

Ein Vogel achtet auch auf den Ruf der Vögel anderer Gattung. Bemerkt der eine den herbeischleichenden Fuchs oder die Katze, sieht er den schwebenden Falken oder die verflogene Eule, so verstehen die übrigen sofort seinen Laut und wissen sich danach zu richten.

Aus dem Buche läßt sich die Sprache der Vögel freilich nicht lernen, aber achte im Walde darauf, und du wirst es allmählich dahin bringen, daß dir das bunte Konzert wohlverständlich wird, und kannst dir dann von den kleinen gefiederten Freunden alles aus ihrem Leben erzählen lassen: von ihren Freuden und Leiden, ihrem Lieben und Hassen. Bist du geschickt genug, so magst du ihnen auch antworten, wie es Vogelsteller und Jäger tun.

Aufmerksame Beobachter der Vögel haben die Lieder der Nachtigall mit Worten auszuschreiben versucht — schöner klingen sie aber draußen im Busch, sei es bei Tage oder im Dunkel der stillen Mainacht. Höre sie selbst!

Kommen die Nachtigallweibchen von ihrer Afrikareise zurück, so finden sich ein Männchen und ein Weibchen zusammen und beginnen den Nestbau. Sie suchen das dichteste, versteckteste Plätzchen im Gebüsch aus und wählen am Boden die verwachsenste Stelle im Gestrüpp. Grasbüschel, Adlerfarne und Brombeerranken bieten ein günstiges Versteck, abgelegen vom Wege.

Männchen und Weibchen tragen dürre Baumblätter herbei und bauen daraus den Grund zu ihrem Hause. Dann folgen dünne, feine Grashalme und biegsame Stengel. Sie werden fest miteinander verflochten. Auf den Grund des Nestes kommen Grasrispen, je weicher desto besser, auch einzelne Haare und Federchen. Ist endlich das ganze Kunstwerk vollendet — von dem Stamm und den hohen Wurzeln des nahen Baumes gegen Wind und Regen geschützt — so legt das Weibchen die Eier. Gewöhnlich sind deren vier bis fünf in einem Neste zu finden. Sie sind olivenbraun.

Brütet das Weibchen auf den Eiern, so sitzt das Männchen nicht weit davon auf dem Zweige und singt voll Lust die besten Lieder, die es gelernt hat. Dann aber, wenn das Weibchen, durch den Hunger gequält, vom Neste auffliegt, Würmchen und Insektenlarven am Waldboden aufliest, einen frischen Trunk nimmt, auch wohl ein Bad — währenddessen verwahrt das Männchen das Nest und brütet weiter, damit die Eier nicht kalt werden. Nach 14 Tagen zerbrechen die Jungen die Schale und kommen piepend hervor. Dann gilt es für die Alten, fleißig zu sein und den hungrigen Kindern Futter zuzutragen, jetzt eine Käferlarve, nun eine Ameisenpuppe, dann wieder eine Fliege, ein Käferchen oder eine Mücke. Zum Singen ist dann nicht viel Zeit mehr.

Die ganze Schar unserer Singvögel ist für unsere Waldungen eine besondere Wohltat. Zahllose Insekten, welche Blätter, Blüten, Knospen und Früchte der Bäume, Sträucher und Blumen räuberisch anfallen, werden von den kleinen gefiederten Forstaufsehern abgefangen und verspeist. So tragen sie ganz besonders dazu bei, daß von den kleinen pflanzenfressenden Tierchen nicht zu viel werden und der Wald durch sie nicht gar zu arg leide. Die jungen Singvögel werden fast nur mit Kerbtieren gefüttert und werden von dieser nahrhaften Kost bald groß und stark.

Nach drei Wochen sind die jungen Nachtigallen schon ebenso groß wie die alten, haben alle Federn erhalten und können ausfliegen. Es geht anfänglich freilich noch etwas ungeschickt, und mancher arme kleine Schelm fällt der lüsternen Katze, dem Wiesel oder dem Raubvogel zur Beute. Die anderen lernen um so besser aufmerken und kosten die Beeren, die unterdessen reif geworden, am liebsten jene vom Fliederbaum. Die jungen Männchen fangen auch bereits leise an, kleine Lieder zu singen, es will aber noch nicht sonderlich gehen und wird nur ein kurioses Gezwitscher daraus. Die alten Männchen sind schon Mitte Juni still geworden, dann verlieren sie allmählich die alten Federn und bekommen neue. Ist endlich das Reisewams fertig, so geht der Zug wieder fort, weithin nach Süden, und der Herbstwind weht die welken Blätter der Bäume und Büsche über das leere, verlassene Nest.

Wenn du im schönen Maimond draußen im grünen Buschwald dich bemühst, die Sprache der Vögel zu verstehen, dann werden dir alle die verschiedenen Arten unserer Waldmusikanten vor Augen kommen. Es sind ihrer nicht wenig, und wolltest du sie alle einzeln beschreiben, dazu ihre Sitten und Gebräuche, ihre Bauweise und Speisezettel notieren, du würdest ein Buch damit füllen können, wie es die Vogelforscher (Ornithologen) vielfach getan haben. Wir erinnern uns nur in Kürze an einige der wichtigsten unserer Tonkünstler und versparen das andere auf spätere Zeit.

Gleich nach der Nachtigall kommt in bezug auf Schönheit des Gesangs die **Mönchgrasmücke** (Sylvia atricapilla), die ebenso gern den Nadelwald bewohnt wie den Laubwald. Ihr Kleid ist bescheiden grau, der Kopf trägt eine tiefschwarze Platte. Schon am frühen Morgen beginnt sie ihr flötendes Lied und endet es mit einem herrlichen, langgezogenen Doppelschlag. Dabei sträubt der kleine Musiker die Kopffedern und zuckt mit dem Schwänzchen, als schlüge er den Takt zu seinem Gesang. Drunten aus dem lichten Gebüsch antwortet ihm ein naher Verwandter, das allerliebste Rotkehlchen (S. rubecula, Fig. 3), das jedes Kind an der schönroten Kehle kennt. Vielleicht sind wir auch so glücklich, einmal das Blaukehlchen (Sylvia suecica, Fig. 5) zu bemerken, dessen Kehle in lebhaftem Schmalteblau glänzt. Das Weißkehlchen (S. curruca, Fig. 7) und der **Fitislaubsänger** (S. Trochilus), ebenso der **Gartenlaubsänger** (S. hypolais, Fig. 1) und die **Gartengrasmücke** (S. hortensis, Fig. 2) sind zwar wenig mit Farben geschmückt, oben meistens bräunlichgrau, unten weißlich oder gelblich, an Fleiß im Singen und zutraulichem Wesen stehen sie ihren Verwandten aber nicht nach. Zu ihnen kommt noch die **Dorngrasmücke** (S. cinerea), deshalb so genannt, weil sie ihr Nest am liebsten in die Dornengebüsche versteckt. Sie macht sich uns bald bemerklich durch eine sonderbare Gewohnheit. Mitten in ihrem Liede steigt sie von dem Baumzweige, auf dem sie sitzt, senkrecht in die Höhe; droben hält sie einen Augenblick still, schüttelt das Gefieder und fällt dann wieder auf dasselbe Plätzchen herab.

In anderer Weise verfährt der **Baumpieper** (Anthus arboreus, Fig. 6), dessen Gefieder etwas fleckiger ist als das der Grasmücken und Laubsänger. Still sitzt er eine Zeitlang auf hohem Gezweige, dann breitet er die Flügel aus und steigt dann in schräger Richtung in die Höhe und läßt sich singend wieder auf eine andere hervorragende Stelle nieder. — Die Reihe unserer Waldsänger ist noch nicht zu Ende. Es folgen die flötenden Drosseln und Amseln, die hellschlagenden Finken, der Hänfling, Stieglitz und Zeisig, dann die Braunelle, der Zaunkönig und sein Vetter, das Goldhähnchen, dann auch die Steinschmätzer, die Meisen, der Pirol, der Star und die Wasseramsel, sowie die mancherlei Ammern. Einige derselben haben wir bereits früher bei unseren Entdeckungsreisen betrachtet, bei anderen werden wir später etwas verweilen.

Hast du dein Verzeichnis der Waldsänger unserer Heimat vollendet — gut, so schreib' deinen eigenen Namen darunter, denn du wirst ja auch singen, wenn du beim Käfersuchen und Schmetterlingfangen im herrlichen Wald spazieren gehst!

Mönchgrasmücke.

19.

Im Dornenhag.

Ein Männlein steht im Walde
Ganz still und stumm,
Es hat von lauter Purpur
Ein Mäntlein um.
Sagt, wer mag das Männlein sein,
Das da steht im Wald allein
Mit dem purpurroten Mäntelein?

Hoffmann v. Fallersleben.

Entdeckungsreisende haben fast stets mit mancherlei Übeln und Widerwärtigkeiten zu kämpfen. Eine der größten Plagen, die der Reisende in den südafrikanischen Ländern kennen lernt, sind die Dornengebüsche, die dort Flächen bedecken, fast so groß wie der vierte Teil von ganz Deutschland. Der kühne Elefantenjäger Andersson, welcher mehrere Züge durch jene Gebiete unternommen hat, beschreibt die Mühseligkeiten einer solchen Wanderung. Er erzählt, daß ein Weg für den Ochsenwagen durch die Dornengebüsche wochenlange Arbeit kostet.

Jene Büsche Afrikas sind vorzugsweise Akazien verschiedener Art, alle aber mit langen Dornen und Stacheln bewaffnet; einige der letzteren wie Katzenklauen gebogen, die nichts sobald wieder loslassen, was sie einmal gepackt haben. Sie abzubrechen ist nicht so leicht, wie man glaubt, denn jede sitzt fest an dem Zweige und kann eine Last von mehreren Pfunden tragen, ehe sie losreißt. Da hilft nur die Axt, um Bahn zu machen. Allein die Büsche stehen dicht, auf je fünf Schritt Weglänge sind etwa zwei Büsche wegzuräumen, das gibt auf die deutsche Meile nahe an 4800. Jeder Busch besteht wenigstens aus vier Stämmchen, manche zwar nur so dick wie ein Finger, andere dagegen aber so stark wie ein Mannsschenkel. Immerhin sind gewöhnlich mindestens zwölf Axthiebe erforderlich, um einen einzigen Dornbusch wegzuräumen, auf die Meile also 40—50 000 — eine schweißtreibende Arbeit! Und dabei haben jene Büsche keine Beere, die dem Reisenden die Mühseligkeit in etwas versüßte; ja sie bieten ihm nicht einmal eine Handbreit Schatten, in welchem er sich vor dem sengenden Sonnenstrahl flüchten könnte, denn ihre Blätter sind klein, nur kurze Zeit im Jahre vorhanden und sie selbst niedrig. Die Europäer nennen sie schlechtweg nur „Wart' ein Weilchen!" denn bei ihnen ist Geduld in höherem Grade zu erlernen.

Wir wollen heute noch eine Wanderung durch die Dornen der Heimat miteinander antreten — aber fürchte dich nicht: ich gehe voran und werde Bahn brechen. Ein wenig Vorsicht wird aber trotzdem von Nutzen sein, damit dir nicht der Weißdorn das Kleid zerreißt oder eine Brombeerranke einen blutigen Strich über die Wange oder Hand zeichnet. Immerhin ist solcher Ausflug durchs Dornendickicht lohnend genug und im Walde nicht zu vermeiden — wie es ja im Leben mit den Dornenpfaden leider ebenso der Fall ist. — Das alte Märchen vom Dornröschen hat die Dornen des Waldes und jene im Leben gleichzeitig in lieblicher Weise verherrlicht. Die holdselige Prinzessin Röschen schläft samt ihrem ganzen Hofstaate bis herab auf den Küchenjungen, der die Ohrfeige erhalten sollte. Ringsum verwehren die hohen Dornen jedem, den bloß Neugierde treibt, den Eintritt in das verzauberte Schloß — bis der kühne, liebende Prinz kommt, der sie alle erlöst. Vor ihm weichen die stachligen Hüter zurück. Die Schläfer erwachen, und die Hochzeit des Prinzen und Dornröschens wird in aller Pracht und mit großem Jubel gefeiert.

Das sind die Dornen unserer Heimat, drohend nach außen, innen voll lieblichen Lebens und verborgener Schätze!

In manche Wälder der Heimat können wir gar nicht gelangen, wenn wir die Dornen scheuen, denn an vielen Stellen umgeben letztere das Heiligtum gleich einer Schutzwehr. Sie bilden des Waldes Leibgarde, die dem Fremdlinge Spieße und Krallen entgegenstreckt. Zuerst legen sich lange **Brombeerranken** (Rubus) gleich Fußangeln und Schlingen quervor. Ihre krummen Stacheln fassen uns, ehe wir's uns versehen. Die Ranken selbst sind zähe und verstricken sich untereinander und mit den benachbarten Gebüschen zu einem Verhau, wie ihn die Soldaten im Kriege anlegen, oder wie jene Dornenhecken, mit denen die Hirtenvölker ihr Lager gegen die nächtlichen Raubtiere schützen. Aber zwischen den hübschen gefiederten Blättern hervor schauen freundliche weiße Blüten, und an den unteren Zweigen hängen schwere Trauben mit dunklen reifen Früchten. Du kannst ohne Sorgen von ihnen schmausen, soviel dir behagt, sie sind unschädlich und schmecken erträglich. Brombeerranken durchziehen die meisten Länder der Alten Welt. Der Reisende trifft sie in Asien ebenso gut wie in Nordafrika, und eine Art mit schönroten Blüten sproßt an den Felsen des Sinai so üppig, daß man sie mit dem feurigen Busch des Mose verglichen hat.

Über die Brombeere ragt ein stachliger Strauch empor, der ihr sehr ähnlich sieht, der aber zusammengesetzte hellrote Beeren trägt. Es sind **Himbeeren** (Rubus Idaeus). Kennst du eine Frucht, die lieblicher duftet und einen zarteren Wohlgeschmack hat? Der Reisende B. Seemann, der die berühmtesten Tropenfrüchte in denjenigen Ländern gekostet hatte, wo sie ihren höchsten Wohlgeschmack erreichten: die Ananas, Mangostane und Cherimolia, erzählt, daß er sich in der drückenden Glut der heißen Zone nichts Schöneres habe denken können als ein Glas Himbeerlimonade. Ich glaube, du gewinnst den stachligen Sträuchern auch Geschmack ab!

Wir suchen weiterzukommen, vorsichtig Schritt vor Schritt! Da huscht ein Vogelpärchen aus dem dichten wilden **Stachelbeerbusch** (Ribes Grossularia) und gebärdet sich ganz ängstlich. Es sind Hänflinge. Das Männchen mit blutroter Brust kommt uns ganz nahe und piept so kläglich, als habe es ein ganz besonderes Anliegen. Wir merken schon, daß das Pärchen sein Nest dort hat. Es ist nicht leicht, in das verwachsene Dickicht einzudringen, welches voll kleiner gelber Beeren hängt, aber wir nehmen gern einen Dornenritz mit in den Kauf — richtig, dort ist das zierliche Nest, zwischen den Gabeln der Zweige eingeklemmt, und die Jungen sitzen mäuschenstill drinnen in Erwartung der Dinge, welche da kommen sollen. Es ist unsere Absicht nicht, sie zu stören — wir lassen sie ruhig in ihrem Versteck. Wir würden im Dornengehege das Nest noch manches kleinen Waldsängers antreffen, wenn wir weiter danach spähen wollten; gerade die Dornen bieten den Vögeln vortreffliche Anheftepunkte bei ihren Bauten und gleichzeitig gegen vielerlei Feinde vollständigen Schutz. Dazu fehlt es auch nicht an Raupen, Fliegen, Spinnen und anderem kleinen Getier, welches Speise für die Jungen abgibt.

Die Stachelbeeren sind hier zwar nicht so groß wie im Garten, wenn sie aber gehörig reif geworden, schmecken sie gar nicht übel. Von den Früchten des anderen Dornenstrauches naschen wir aber nicht, es sind Schlehen und noch dazu unreife; sind sie doch eine sehr herbe Speise, selbst wenn sie vollständige Reife erlangt haben, und können allenfalls durch den Frost etwas genießbar, keineswegs aber wohlschmeckend gemacht werden. Wollten wir ein Schlehenstämmchen in den Garten verpflanzen und mit einem Reis vom Pflaumenbaum veredeln, dann würde es freilich unsere Arbeit durch eine reichliche Pflaumenernte vergelten.

Der Schlehdorn (Prunus spinosa) bietet aber mancherlei anderes, das ihn interessant macht. Zunächst vergleiche seine stechenden Waffen mit denen der Stachelbeeren, Himbeeren und Brombeeren. Bei den letzteren sitzen dieselben nur in der Oberhaut der Zweige und lassen sich leicht losbrechen, wenn wir daran drücken. Die Schlehe sticht dagegen mit den Spitzen ihrer Äste und Zweige, diese letzteren selbst sind in Dornen umgewandelt. Als junge Sprossen waren sie weich und zart. Wird die Schlehe auf gutem Boden gepflegt und hat dabei hinreichendes Wasser, so werden auch ordentliche Zweige daraus, wie bei anderen Bäumen; hier auf dem steinigen, dürren Boden aber verkümmern sie zu stechenden Dornen. Unsere wildwachsenden Äpfel- und Birnbäume, ebenso die in wärmeren Ländern wild vorkommenden Ölbäume und Zitronenbäume tragen ebenfalls Dornen und verlieren sie, wenn sie gehörige Pflege erhalten. Es ist ja auch mit vielen Menschen ein ähnlicher Fall. Mancher pfiffige Kopf würde vielleicht ein geschickter Mechanikus oder Maschinenbauer, ein tüchtiger Geschäftsmann geworden sein, wenn er in seiner Jugend gut erzogen worden wäre, so aber wurde nur ein Betrüger und verschmitzter Dieb aus ihm.

Am schönsten sieht der Schlehenstrauch im ersten Frühling aus, wenn er blüht. Bevor noch irgendein Baum oder Busch Blätter hat, ja schon ehe der Schlehenstrauch das eigene Laub entfaltet, sind alle seine Zweige mit zahllosen schneeweißen Blumen bedeckt. Man nennt ihn zwar, seiner dunklen Zweige wegen, oft Schwarzdorn, im Frühling gleicht er aber einem weißen Blumenstrauß. Die Blüten riechen eigentümlich bitterlich und wurden, besonders in früheren Zeiten, für den Apotheker gesammelt, welcher Bittermandelwasser daraus herstellte. Heutzutage findet der ganze Strauch in den Salzwerken eine wichtige Verwendung. Man baut die Gradierwände daraus, von denen das Salzwasser herabtropfen muß, um sich zu reinigen und teilweise zu verdunsten, so daß es unten viel salzreicher ankommt, als es hinaufgepumpt war. Die Tropfen fallen von einem Dornenzweig auf den anderen und lassen an jedem etwas von den Erdteilen zurück, die sie aufgelöst enthalten, dazu auch etwas Salz. Du wirst nach einigen Jahren die Schlehensträucher kaum wieder erkennen, wenn sie aus dem Gradierwerk herausgenommen werden, denn sie gleichen dann ästigen grauen Korallenstöckchen viel mehr als Pflanzen.

Blüten und Früchte vom Schlehenbusch.

Neben dem Schwarzdorn treffen wir in dem Dornendickicht auch gleich seinem Namensvetter, den **Weißdorn** (Crataegus Oxyacantha) an, der sich schon durch die helle Färbung seiner glatten Rinde leicht von ihm unterscheidet. Seine Stämmchen werden nicht selten ansehnlich hoch und sind dabei so schlank und gerade, daß sie hübsche zähe Spazierstöcke abgeben. „Weißdorn ist gut für Kinderzorn“, sagte ehedem das Sprichwort — allein seit unsere Kinder alle so gutartig sind, daß sie den Eltern ihre Wünsche schon an den Augen ablesen, haben die Weißdornsprößlinge auch gute Zeit und können im Walde weiter grünen. Ihre Blätter sind viel hübscher als bei der Schlehe. Bei letzterer ähneln sie dem Laube des Pflaumenbaumes, beim Weißdorn aber ist jedes Blatt keilförmig, an seinem vorderen Teile zierlich eingeschnitten und am Grunde des kurzen Blattstieles mit zwei großen gezähnten, grünen Nebenblättern versehen.

Die Blüten stehen in dichten weißen Trauben und haben wegen ihres hübschen Aussehens dem Strauche dazu verholfen, daß er nicht selten ein Plätzchen in unseren Gärten und Parkanlagen erhält. Allerliebst erscheint er besonders dann, wenn sich seine Blumen zart rosenrot färben; noch schöner aber, wenn man Zweige von Spielarten mit gefüllten weißen oder roten Blüten darauf gepfropft hat. Vortrefflich eignet sich der Weißdorn zur Anlage lebendiger Hecken. Diese werden wegen seines zähen Holzes und seiner scharfen Stacheln undurchdringlich und lassen sich gut verschneiden. Die Bäume und Sträucher haben in dieser Beziehung sehr abweichende Naturen. Die einen nehmen es sehr übel, wenn ihnen der Gärtner Äste abschneidet, die ihm ungehörig erscheinen, sie kränkeln und gehen wohl gar ein. Der Weißdorn aber fügt sich geduldig dem Willen des Menschen und wächst frisch und fröhlich weiter, mögen ihm Schere und Messer auch noch so übel mitgespielt haben.

Fast ebenso hübsch wie die Blüten sehen auch die scharlachroten Beeren dieses Strauches aus. Er leuchtet dann, als sei er mit Korallen behangen. Drosseln und Amseln stellen sich bei ihm zum Schmause ein, und die Kinder helfen gelegentlich auch mit, wenn sie nichts Besseres im Walde für ihren Schnabel finden.

Jetzt kommen wir aber zum König der Dornenbüsche, zum wilden Rosenstrauch (Rosa canina). Seine Stacheln sitzen zwar nur in der Oberhaut der Zweige, fassen aber kräftig und scharf, und es gehört viel Geschick und Gewandtheit dazu, durch solch eine Hecke unbeschädigt hindurch zu kommen. Wir suchen ihn zu umgehen, wenn es nur irgend möglich. Die Rose übertrifft aber ihre Genossen nicht nur in bezug auf die Bewaffnung — alle Dornensträucher, die wir bis jetzt trafen, mit einziger Ausnahme des Stachelbeerstrauchs, sind ihre Verwandten — sie überstrahlt sie auch alle an Blütenpracht. Sie ist das lebendige Vorbild des Märchens vom Dornröschen, ringsum unnahbar, droben die köstlichen duftenden Blüten. Sieh, wie das ringsum schwirrt von Fliegen, Käfern und Schmetterlingen, und dazwischen hörst du das Summen der Bienen und den tiefen Baß der Hummel. Und drüben auf dem Weißdornstrauch hat der Würger sein Standquartier. Dort sitzt er wie ein Raubtier auf der Lauer und schnappt im Nu mit gewandtem Schwunge den glänzenden Käfer weg, spießt ihn dann an die scharfen Dornen und verspeist ihn in aller Gemächlichkeit. Seine Füße sind wenig geschickt die Beute zu halten, die Dornen des Weißdorns oder des Schlehenstrauchs müssen die Stelle der Gabel bei seiner Mahlzeit vertreten.

Glücklich sind wir an Dornröschens verwünschtem Zauberschloß vorbeigekommen, ohne von den schwankenden Zweigen festgehalten worden zu sein. Da treffen wir einen Bekannten, den wir auch im Garten daheim haben, den Sauerdorn oder Berberitzenstrauch (Berberis vulgaris).

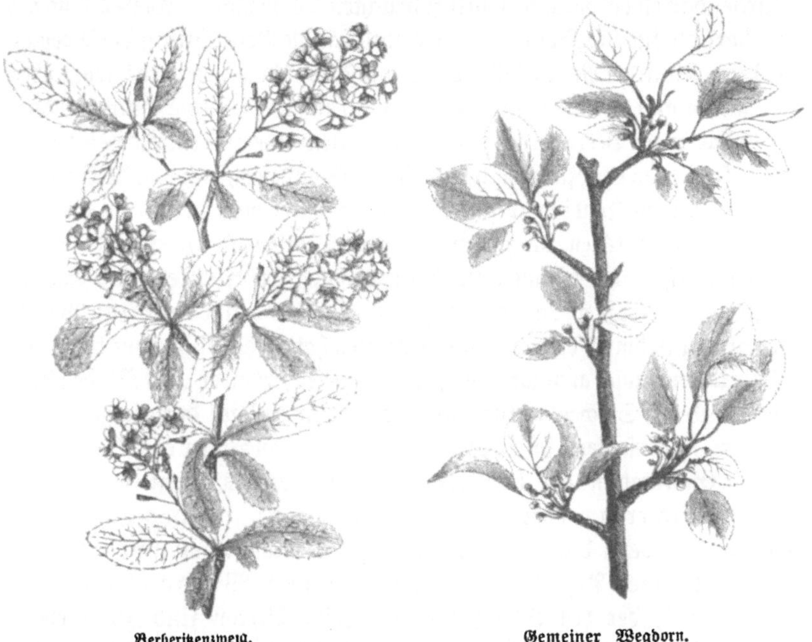

Berberitzenzweig. Gemeiner Wegdorn.

Im Monat Mai ist er dort wie hier eine wahre Zierde seiner Umgebung, denn dann hängen von allen Zweigen die goldgelben Blüten in langen Trauben herab. Ihr Geruch will uns zwar nicht sonderlich behagen, desto interessanter ist uns aber eine andere Erscheinung, die seine Blüten uns darbieten. Jede dieser Blumen hat sechs Staubgefäße, die je in einem der gewölbten Blütenblätter ausgespreizt liegen. In der Mitte der Blume steht der Stempel. Zwischen dem unteren Teile der Staubfäden und dem Grunde des Stempels sammelt sich Honig an, welcher Bienen, Hummeln und ähnliche Kerbtiere zum Schmause anlockt. Sobald sich eine Biene auf die Blüte setzt, ihren Rüssel in die Tiefe derselben senkt und den

Honig saugt, berührt sie den unteren Teil der Staubfäden. Dieser ist in auffallender Weise reizbar. Die Staubgefäße schnellen infolge der Berührung sofort mit einem Ruck nach der Mitte der Blüte hin, treffen den Rüssel oder den Kopf des Kerbtieres und bepudern dieselben mit dem Blütenstaub. Die Biene fühlt sich durch diesen Vorgang belästigt, verläßt die Blume, summt nach einer anderen und bestäubt beim Niederlassen die Narbe derselben durch den mitgebrachten Blütenstaub. Dieser Vorgang wiederholt sich von Blüte zu Blüte und hat die Befruchtung derselben zur Folge. Von der Reizbarkeit der Staubfäden können wir uns leicht überzeugen, wenn wir ihren untersten Teil mit einer Nadelspitze leicht berühren.

Die roten Beeren des Sauerdorns verleihen dem Strauche den Namen, denn sie geben den Zitronen nicht viel an Säure nach, werden deshalb auch mitunter vom Konditor zu allerlei Leckereien benutzt, denen sie auch ihre rote Farbe mitteilen. Als zu der Zeit, wo Deutschland unter Napoleons I. Joche seufzte, die kontinentale Sperre allen Südfrüchten den Eingang wehrte, da mußten unsere Großväter den Berberitzensaft zur Punschbereitung nehmen, da man keine Zitronen hatte. Sie sind aber bei diesem Sauerdornpunsch auch ganz vergnügt gewesen. Blätter und Rinde färben gelb, und die Stacheln werden uns dadurch interessant, daß sie gewöhnlich ein Kreuz darstellen. In neuerer Zeit ist der Sauerdorn als Beherberger einer Generation des berüchtigten Getreiderostes ermittelt worden. Daher wird er in manchen Gegenden gar nicht mehr angepflanzt. — So hätten wir denn den Dornenwall glücklich durchbrochen und verweilen nur noch einen Augenblick bei dem gemeinen Wegdorn (Rhamnus cathartica), der den Schluß bildet. Seine Beeren sind zwar ebenso ungenießbar, wie seine Blüten unansehnlich, die ersteren dienen aber zur Herstellung des Saftgrüns, jener gelblichgrünen Farbe, welche du aus deinem Tuschkasten kennst. Ein noch höheres Interesse gewinnt er für uns dadurch, daß er zu derselben Gewächsfamilie (Rhamneae, Wegdorne) gehört, zu der auch die meisten Dornen Palästinas gerechnet werden. Der Dornenstrauch, aus dessen Zweigen die Dornenkrone des Herrn geflochten ward, war vermutlich derjenige, den man gegenwärtig Christusdorn (Zizyphus Spinae Christi) nennt. Wir werden durch ihn wieder auf die Betrachtung zurückgeführt, die sich uns schon beim Beginn unserer Dornenwanderung aufdrängte: daß, wie aus dem Dornenstrauche die Blüte, so aus den Leiden und Trübsalen das Heil hervorgeht.

Reineke auf dem Pirschgang.

20.
Der Fuchs.

„Liebes Füchslein, laß dir raten,
Sei doch ja kein Dieb!
Nimm, du brauchst kein'n Gänsebraten,
Mit der Maus vorlieb."

Es ist eine der angenehmsten Beschäftigungen, wenn man darauf ausgeht, selbst an solchen Dingen noch angenehme Seiten zu entdecken, von denen gewöhnlich nur Übles bekannt ist.

Im Walde ist Reineke, der Fuchs, ein solcher armer Gesell, den jedermann über alle Maßen schmäht. Da schilt ihn der Jäger, weil er ihm einen Hasen gefressen; der Vogelsteller, weil er ihm die Vögel aus dem Sprenkel ausgelöst; der Bauer, dem er ein vorwitziges Hähnchen entführt hat, welches zu weit in den Wald spaziert war. Selbst das kleine Kind, welches in seinem Leben vielleicht den rothaarigen Gesellen noch nie gesehen hat, singt schon: „Fuchs, du hast die Gans gestohlen, gib sie wieder her!" Und manch armes Füchslein wird zu Grabe gehen und seinen Pelz lassen müssen, ohne zu wissen, wie Gänsebraten schmeckt.

Wahr ist es freilich, der Fuchs ist ein Räuber, Mörder und durchtriebener Spitzbube, der selbst die armen Singvögel nicht in Ruhe läßt.

und sogar den Wein zu seinem Braten verlangt, wenigstens ungekelterten. Du wirst den geriebenen Burschen aber aus der Fabel her schon gern leiden mögen, und es wird dir deshalb gewiß Vergnügen machen, an ihm auch manche Tugenden aufzufinden, die uns berechtigen, eine feierliche Lobrede auf ihn zu reden.

Daß er seine Burg Malepartus sicher im Berge anlegt, eine Hauptröhre zum gewöhnlichen Eingang und eine Anzahl Seitenröhren für den Fall der Not, ist bekannt. Ebenso weiß man, daß er zärtlich für seine Kleinen sorgt, ihr Lager weich mit Moos ausfüttert, ihnen reichlich Speise zubringt, sie im Maule fortträgt, wenn ihnen Gefahr droht, und sie ausführt, wenn sie größer werden. Alles dies sind Tugenden, die er als sorgsamer Hauswirt und als Familienvater besitzt, dafür haben sich die Seinen bei ihm zu bedanken. Und er selbst? Wir entdecken auch lobenswerte Eigenschaften an ihm, die er als Bürger des Waldes besitzt und die ihn als eine Person von hoher Wichtigkeit erscheinen lassen.

Wir wissen, daß mancherlei Arten von Mäusen im Walde logieren und mitunter großartigen Schaden anrichten. Eine der schlimmsten ist die eigentliche Waldmaus. Jedes Pärchen bekommt 6—12 Junge, und zwar in einem Sommer zweimal. Folgen mehrere warme und trockene Sommer hintereinander, so wächst die Zahl der Waldmäuse in erstaunlicher Weise an. Es werden ihrer dann so viele, daß alles im Walde von ihnen wimmelt; da wird jedes Samenkorn und jede Nuß aufgespeist. Selbst die jungen Bäumchen werden benagt und sterben ab. Der Wald wird auf Jahre hinaus durch die Unholde ruiniert.

Dieselbe Wohltat, welche eine tüchtige Katze für das Haus, ist dann der Fuchs für den Wald. Er braucht dann seine Tausendkünste noch gar nicht alle anzuwenden, um satt zu werden. Die Frühstücksbissen laufen ihm vor dem Maule herum, er darf nur zuschnappen; dies tut er weidlich, und sein Appetit ist so stark, daß er an einem Tage leicht 2—3 Dutzend Mäuse verschlucken kann, wenn sie sich kriegen lassen.

Wandern die Mäuse zuletzt aufs Feld, so gibt Reineke ihnen das Geleite und findet gewöhnlich an den Eulen tüchtige Mitesser.

Wir haben bereits an den Kiefern die Raupen der Blattwespen (Tenthredo Pini) kennen gelernt. Solange nur wenige von ihnen vorhanden sind, gewähren sie durch ihr Wippen und Nicken, sowie durch das bunte Treiben anderer Kerbtiere, das sich in ihrer Umgebung entwickelt, mancherlei Unterhaltung. Anders wird jedoch die Sache, wenn sie sich in Unmasse vermehren, was auch gelegentlich vorkommt. Sie fressen dann den Wald so kahl, wie es die Raupen des Kiefernspinners, der Forleule, der Nonne und anderer Waldschmetterlinge tun, und führen dadurch den Tod der Bäume herbei.

So kamen z. B. vor mehreren Jahren im Hörblacher Gemeindewalde in Franken so große Mengen von Blattwespenraupen vor, daß sie in Klumpen von der Größe eines Menschenkopfes an den Ästen hingen, und die Stämme durch die nach Nahrung suchenden Scharen ganz gelb aussahen. Im Rüderer Gemeindewalde hatte dieselbe Raupensorte sämtliche Nadeln abgefressen, war aber noch nicht satt geworden und wanderte aus, um neue Nahrung zu suchen. In einiger Entfernung davon lag ein anderes Kiefernwäldchen, nach welchem sie ihren Marsch nahm. Zwischendurch floß jedoch ein Bach. Der Zug der vielen Tausende von Raupen ließ sich aber nicht dadurch abschrecken, sondern stürzte sich keck ins Wasser und kam natürlich darin um. Mehrere Tage lang schien der Bach auf eine weite Strecke hin von Raupen lebendig zu sein.

Die meisten Blattwespenraupen besitzen jedoch die gute Eigenschaft nicht, daß sie ins Wasser laufen und sich ertränken. Sie kriechen, nachdem sie sich groß gefressen, ins Moos und in die lockere Walderde und spinnen sich dort in kleine Kokons ein, aus denen im Frühjahr neue Blattwespen hervorkommen, die das Werk der Verwüstung durch ihre Brut fortsetzen lassen. — Hier trägt nun der Fuchs auch redlich das Seine mit bei, die kleinen Feinde zu vermindern. Gerade im Winter gibt es kein Vogelnest zu plündern und keinen jungen Hasen abzufangen. Schmalhans ist oft Reinekes Küchenmeister, aber der Hunger stärkt sein Spürvermögen und schärft seine Erfindungskraft. Er sucht die Blattwespenpuppen im Moose auf, die dort nicht selten massenhaft beieinander liegen, und füllt mit diesem Kompott die Lücken des Magens. Während des ganzen Winters mag manches Tausend, mit Mäusebraten versetzt seinen Weg in Reinekes Küche finden.

Du weißt schon von der Betrachtung der zahmen Kaninchen (Band II) her, daß die wilden Kaninchen eigentlich Fremdlinge in unseren Wäldern sind. Diese Einwanderer haben sich aber nicht selten so zahlreich vermehrt, daß sie für manche Gegenden eine förmliche Plage sind. Die jungen Laubholzbäume werden im Winter von ihnen benagt und ruiniert, die

Obstpflanzungen und Fruchtfelder übel mitgenommen. Gegen die Verfolgungen des Jägers wissen sie sich schlau in ihren Höhlen zu verstecken, aber der Fuchs wird der Beschützer des Waldes gegen die Anmaßungen der Fremdlinge. Er legt gern seinen eigenen Bau mitten unter ihnen an, damit er stets als Polizei bei der Hand ist. Ihre Gänge sind ihm zwar zu eng, er läßt sich aber die Mühe nicht verdrießen, ihnen stundenlang vor den Ausgangslöchern versteckt aufzulauern. Sowie ein langohriger Näscher sich sehen läßt, hat er mit kühnem Satz ihn bei den Löffeln.

Springt der Fuchs bei einer solchen Gelegenheit fehl, so benimmt er sich ganz so, wie es einem solchen schlauen und verständigen Weidmanne zukommt. Er läuft nicht mit eingezogenem Schwanze knurrend davon, sondern versucht das Ding noch einmal. Er wiederholt den Sprung so oft, bis er sicher ist, ein andermal die Entfernung richtig zu treffen. Er übt seine Jagdkünste förmlich ein und gibt seinen hoffnungsvollen Kindern, den wollhaarigen, graugelben Füchslein, darin gründlichen Unterricht. Er lehrt sie im Getreidefelde den habsüchtigen Hamster fangen, der nicht damit zufrieden ist, sich an des Landmanns Erbsen und Getreide satt zu fressen, sondern noch metzenweise Vorräte davon in die Erde zusammenschleppt.

Dann kommen bei den Spaziergängen, die der Alte mit seiner Familie anstellt, auch Käfer und Heuschrecken zur Abwechslung an die Reihe, ab und zu auch einige saftige Waldschnecken und nach einem warmen Regen sogar Regenwürmer. Die Wespen, welche mit ihren gifterfüllten Stacheln dem Kinde so gefährlich werden und im Weinberge sowie im Obstgarten durch das Benagen der besten Früchte so vielfachen Schaden anrichten, stehen gleichfalls unter Reinekes polizeilicher Aufsicht. Er spürt ihre Brutstätten auf und scharrt sie aus, scheut selbst einen Stich nicht, den er von den ergrimmten Kerbtieren erhält, und verspeist schließlich sämtliche Wespenlarven, die im Neste sind.

Trotz dieser vielen Tugenden ist dem Fuchs doch alle Welt feind. Läßt er sich ja einmal am Tage außerhalb seiner Höhle erblicken, so schreit die ganze Vogelschar Zeter und Mord und verfolgt ihn Schritt vor Schritt mit großem Lärm, so daß seine Beute vorsichtig wird und er nichts erwischen kann als höchstens einen Maikäfer, der vom Baume gefallen, oder ein vorwitziges Fröschchen.

Reineke auf der Rebhuhnjagd.

Es bleibt ihm nichts übrig, als umzukehren und in seinem Baue den Abend abzuwarten. Seine Augen sind auch, wie die Augen der Katze und der Eule, mehr zum Sehen im Halbdunkel geeignet als für den hellen Sonnenschein. Das Schwarze im Auge (das Sehloch, Pupille) erscheint am Tage nur wie ein schmaler Streifen, im Dunkel dagegen rund und leuchtend. Er weiß auch selbst im Finstern schlau den Gefahren zu entgehen, die ihm der Jäger bereitet, und nur in höchster Not gerät er in die Falle, die ihm gelegt ist. Hat er sich bloß mit einem Beine gefangen, so beißt er lieber unverzagt dieses ab, als daß er sich selbst verloren gäbe.

In seiner Höhle hält er sich vorzugsweise nur zur Zeit auf, wenn er Junge hat, oder im Winter. Er ist ja dort auch nicht sicher, denn der Jäger schickt die Dachshunde hinein, besetzt seine Ausgänge mit Fallen, oder gräbt ihn aus. Darum versteckt er sich in der übrigen Zeit des Jahres in dichtem Gestrüpp oder auch wohl im Getreidefeld und wird dann von dem Weidmann mit den Hunden aufgestört oder auf dem Anstande abends belauert. Die Engländer, die überhaupt mancherlei wunderliche Vergnügungen haben, finden einen besonderen Genuß darin, den armen Gesellen aus seinem Versteck aufzustören und ihn zu Pferde mit vielen Hunden solange zu hetzen, bis er nicht mehr weiter kann. Dann macht er vielfache Kreuz- und Quergänge, um die Hunde von seiner Spur abzubringen, benutzt jede Gelegenheit der Gegend, jeden Graben und Busch, um sie irre zu leiten, und läuft mitunter einen Weg von zehn deutschen Meilen, ehe er eingeholt wird. Schließlich stellt er sich wohl auch tot. Hilft ihm auch dies nichts, so wehrt er sich wütend mit seinem scharfen Gebiß und verkauft sein Leben so teuer wie möglich. Wie ein Held stirbt er, der Übermacht unterliegend, ohne einen Laut des Schmerzes hören zu lassen. Die Jäger unserer Heimat, die den Wolf völlig ausgerottet haben, verkennen den Nutzen des Fuchses nicht. Sie schießen zwar ab und zu einen weg, damit ihrer nicht zu viele werden, und machen sich durch den Pelz für den Schaden in etwas bezahlt, den er etwa anrichtete. Allein sie graben nur selten seine Jungen aus und erhalten durch den Nachwuchs (der Fuchs wird gegen 14 Jahre alt) fortwährend Gehilfen zur Waldpolizei, welche ihnen die vielen Dienste verrichten, die wir zum Lobe des buschschwänzigen Reineke aufzählten.

21.
Auf der Heide.

„Grüß Gott dich, deutsche Heide,
Und segne deinen Sand,
Daß Männer daraus wachsen
Zur Wehr fürs deutsche Land!“

Dehnicke.

Was ist das Heideland für ein unfruchtbares Gebiet! Sand und wieder Sand bedeckt die weite Fläche. Der Fuß sinkt bei jedem Schritte tief ein und ermüdet schon nach einem kurzen Marsche. Das Licht der Sonne wird blendend vom weißen Sande zurückgestrahlt, und wir schließen unwillkürlich die schmerzenden Augen. Der Wind hat Sandwellen aufgebaut; wir haben ein kleines Abbild der großen Wüste vor uns, die im fernen Afrika der Schrecken der Wanderer ist.

Werden wir in der sandigen Heide auch Entdeckungen machen, die Geist und Herz erfreuen? Werden wir im dürren Sande noch etwas anderes finden als halb verwehte Fußtritte und verkrüppelte Kiefern, die hier kümmerlich ihr Leben fristen?

Wir lassen uns zur kurzen Rast nieder auf dem weichen, warmen Sande, das Kieferngebüsch gewährt ein wenig Schatten, auch neigt sich ja die Sonne schon etwas, und ihre Strahlen werden weniger sengend. So ruht der Wüstenreisende zur Nachtzeit auch auf dem großen Sandbett weich und warm, und der blaue Himmel ist sein Zeltdach. Von dort leuchten ihm freundlich die Sterne, die ihn auch in seiner Heimat begrüßten: der Gürtel des Orion und der helle Sirius. Er träumt im Sande des fremden Landes von den Märchen seiner Kindheit, vom „Tischchen, deck' dich!" das er hier gut gebrauchen könnte, vom armen Aschenbrödel, seinen schlimmen Schwestern usw. — Wir nehmen ein wenig von dem Sande am Boden auf und lassen die Körnchen aus einer Hand in die andere rieseln. Wir gedenken der Sanduhr, der Dünen am Meere, des Samums der Sahara und vieles anderen. — Halt! was ist dies für ein braunes Körnchen mitten unter den weißen glänzenden Sandstäubchen? — Es ist ein Samenkorn vom Heidekraut! Es ist das arme Aschenbrödel im unscheinbaren Gewande, und die dürre Heide ist seine Stiefmutter, die ihm kümmerliche Pflege gewährt bei schwerer Arbeit! (a Samenkorn des Heidekrautes vergrößert, Seite 165.) — Wollen wir das Samenkorn genauer besehen, so müssen wir das Vergrößerungsglas mit zu Hilfe nehmen. Durch dieses erkennen wir, daß es fast dreieckig ist und an seiner Oberfläche winzige Härchen trägt. Laß dir erzählen, wie es ihm geht, wie aus dem Aschenbrödel die hübsche Prinzessin wird!

Der Wind wirft das Korn hin und her, der Sand deckt es zu, der Regen gibt ihm zu trinken. Es erwacht von seinem Schlafe, streckt das Würzelchen aus und faßt festen Fuß im losen Boden. Tiefer und tiefer läßt es seine Wurzeln hinabgehen, bis es drunten Erdschichten trifft, welche etwas feuchter sind. Von ihnen entnimmt es mühsam seine Speise. Wie ein armes Waisenkind, welches von allen verlassen ist, muß es sich kümmerlich nähren. Tausend andere Gewächse, die gewöhnt sind, im Wald und auf der Wiese zu wachsen, die auf gutem Boden und am Bachrande sprossen, würden umkommen, wenn sie hierher versetzt würden in den unfruchtbaren Heidesand. Das junge Heidekraut richtet sich nach den Verhältnissen ein. Es hat in seinem kleinen Haushalte nur sehr dürftige Einnahmen, sieh, es beschränkt auch seine Ausgaben danach.

Die Wurzeln sind, wie du weißt, die Einnehmer der Pflanze, sie trinken das Wasser aus dem Boden, die Blätter besorgen die Ausgabe, sie verdunsten das Wasser wieder. Solche Gewächse, welche an feuchter Stelle stehen, wie Huflattich und Wasserampfer, denen die Wurzeln Überfluß an Nahrung zuschaffen — sie können auch große, breite Blattflächen entwickeln und durch diese ansehnliche Mengen Wasser verdunsten, ohne dadurch Schaden zu leiden. Das Heidekraut muß sich anders einrichten.

Zur Seite unseres Ruheplatzes haben wir blühende Heidekrautbüsche im Überfluß. Ihre Stengel und Äste sind zwar dünn, aber holzig und zähe. Rings um die Äste sitzen kleine Zweige mit Blättern. Wie winzig diese sind! kaum so lang wie das Weiße am Fingernagel (b Blattzweig vergrößert, c Heideblätter). Ohne Blattstiel klammern sie sich fest und lassen den Blattgrund links und rechts noch etwas herabgehen. So bilden sie vier Reihen und decken sich wie Dachziegel oder wie die Schuppen eines Panzers.

Gemeines Heidekraut. a Samenkorn vergrößert, b Blattzweig vergrößert, c Heideblätter, d Heidekrautblüte, natürliche Größe, e vergroßert, f die oberen Blätter, g Kelchblätter, h Blumenkrone, i Befruchtungswerkzeuge, k Staubgefäß vergrößert, l aufgesprungene Fruchtkapsel.

In der Mitte ist jedes Blättchen verhältnismäßig dick, und seine Mittelrippe tritt etwas hervor. Schneiden wir es quer durch, so erinnert es mit der dreieckigen Schnittfläche an die Nadeln der Kiefer. Zur Kleinheit der Blättchen kommt noch der Umstand, daß ihre Oberfläche nur wenige Spaltöffnungen trägt, durch welche der Saft des Krautes verdunstet. So vermag das Pflänzchen ungefährdet dem Sonnenbrande des Sommers zu widerstehen und behält noch Saft genug übrig, um reizende Blüten zu treiben.

Wir brechen ein blühendes Zweiglein. Können wir einen lieblicheren Schmuck für den Hut eines Heidewanderers finden? Aber ehe wir es mit dem goldblumigen Immerschön, der blauen Jasione und der purpurnen Feldnelke zum Strauße binden, sehen wir uns seinen Blütenbau näher an.

Die Blumen sprossen zu vielen an den Seiten der Zweige hervor und bilden rosenrote Trauben, alle nach einer Seite gerichtet. Der Blumenstiel ist dünn wie ein Faden und trägt noch einige grüne Blätter, gewöhnlich sechs (d Heidekrautblüte, natürliche Größe; e vergrößert; f die oberen Blätter). Es scheint, als wollten diese schon sich an der Bildung der Blume auf ihre Weise beteiligen, denn die drei oberen verwachsen oft miteinander, und ihr Rand wird breiter und durchscheinend, ja ein viertes färbt sich bereits. Die Blume selbst zeigt uns zunächst vier wunderschön rosenrote Blätter, die einen Kreis bilden (g Kelchblätter). Wir biegen sie mit der Spitze des Messers zurück und entdecken innen nochmals einen rosenfarbenen Blattkreis aus vier halb so großen Blättern, die mit ihrer unteren Hälfte zu einem Glöckchen verwachsen sind. Die äußeren, längeren vier Blätter werden von den Pflanzenforschern als der gefärbte Blütenkelch bezeichnet, die kleinen, inneren als die verwachsene Blumenkrone (h Blumenkrone). Trennen wir vorsichtig auch die Blumenkrone ab, so bleiben uns noch die Befruchtungswerkzeuge übrig. Sie sind freilich so klein, daß wir sie ohne Vergrößerungsglas nicht gut erkennen können, durch die Schönheit ihrer Formen belohnen sie aber auch reichlich unsere Mühe.

Zu unterst sehen wir eine halbkugelige Scheibe als das oberste Ende des Blumenstiels. Hierauf steht der Fruchtknoten, mit feinen Haaren bekleidet (i Befruchtungswerkzeuge). Auf seiner Spitze trägt er den Stempel, der in einer vierteiligen Narbe endigt. Rings um den Fruchtknoten stehen acht Staubgefäße mit höchst zierlichen Staubbeuteln (k Staubgefäß, vergrößert; l aufgesprungene Fruchtkapsel). Jeder der Staubbeutel trägt unten einen gewimperten Anhängsel, gleich einem kleinen Sporn oder Schwänzchen. — Die Hunderte von Blütenglöckchen, welche ein einziger Heidebusch trägt, geben dem ganzen Gewächs mit seinen zierlichen Blättchen ein reizendes Ansehen. Es darf sich dreist neben seine Schwestern, die Eriken vom Kapland, stellen, die der Gärtner sorgsam im Gewächshaus pflegt, und würde sicher längst auch ein Plätzchen in unseren Blumenfenstern erhalten haben, wenn's nicht auf dem Heidelande zu gewöhnlich wäre. Sieh, da hast du die allerliebste Prinzessin des Märchens, die aus dem unscheinbaren braunen Körnchen, dem verachteten Aschenbrödel, verwandelt ist. Das Heideland selbst erscheint dir jetzt auch nicht mehr so schlimm und stiefmütterlich, da es solche Herrlichkeiten erzeugt.

Schau hin über die weite Fläche, wie sie im Sonnenlicht purpurn glüht! Kann ein Fürst einen prächtigeren Teppich in seinem Palaste ausbreiten lassen, als die Tausende der blühenden Sträuchlein? Und wie das süß duftet nach Honig und ringsum alles summt und schwirrt, um von dem leckeren Mahle zu naschen! Prinzessin Erika hält offene Tafel, jedermann ist willkommen. Da summen die Bienen in Scharen herzu und tragen den Honig in die Körbe, welche der Landmann während des Sommers in der Heide aufgestellt hat. Im Winter wirst du daheim genug von den Herrlichkeiten zu kosten erhalten, welche die Heide erzeugte. Der Geruch des Honigs wird dich an den Duft der Blüten erinnern.

Ein kleiner Schmetterling flattert eben herzu und wiegt sich auf den Blumen. Es ist ein Schlehenschwärmer (Aglaope pruni). Er schimmert bläulich und metallisch grün. Ein zweiter, etwas größerer, gesellt sich zu ihm. Dieser sieht braun aus. Es ist das Weibchen des Schlehenschwärmers, welches seine Eier dem Heidekraut zur Pflege übergeben wird. Die ausschlüpfenden Raupen werden sich von den Heidebüschen ernähren und sich unter ihrem Schutze einpuppen.

Einige Schritte weiterhin bemerken wir Heidekrautbüschchen von ganz verändertem Ansehen. Sie erscheinen uns, als seien sie mit starkem Spinngewebe überzogen. Treten wir hinzu, um die Ursache näher zu prüfen, so finden wir zahllose haardünne Fäden kreuz und quer über die Sprossen der Heide gelagert und in vielfachen Windungen um sie geschlungen. Wir haben hier ein Gewächs höchst sonderbarer Art vor uns, die Flachsseide (Cuscuta epithymum, Anfangsb. Fig. 6), die hier gänzlich vom Heidekraut ernährt wird. — Die Flachsseide entsprießt zwar auch zunächst einem Samenkorne im Boden und versucht fürs erste mit eigenen Kräften ihr Leben zu fristen. Sie treibt auch eine Wurzel und ein feines Stengelendchen an dem winzige rötliche Schuppen als Andeutungen der Blätter zu bemerken sind. Allein lange vermag sie ihr Dasein ohne fremde Hilfe nicht zu erhalten, sie muß sich vom Heidekraut nähren lassen und klettert deshalb an diesem empor. Wo es dessen Zweige berührt, senkt es seine Saugwurzeln hinein und nährt sich vom Heidekrautsaft. Davon wachsen seine Stengel rasch weiter und treiben vielfach Zweige. Die ersten Wurzeln und der untere Stengelteil sterben ab. Die Flachsseide lebt droben auf dem Heidekraut weiter und bildet hier fleischrote kleine Blütenköpfchen. Mancher Heidezweig wird dadurch zwar ausgesogen und verdorrt schließlich, es bleiben aber doch noch genug übrig, um Samen zu tragen.

Die Samen der Erika bilden sich in dem Fruchtknoten. Dieser springt bei der Reife auf. Er wird zur Kapselfrucht und zeigt mit seinen vier

Klappen noch die Vorliebe, welche das Heidekraut für die Vierzahl hat. Die Kelchblättchen haben selbst beim Blühen eine ziemlich trockene Beschaffenheit und bleiben bis spät in den Winter hinein um die Kapsel (1 Fruchtkapsel des Heidekrauts) als schützende Hülle. Nur werden sie allmählich bleicher, bräunlich und unansehnlich.

Eine verwandte Beschaffenheit der Blüten und Blätter zeigen uns noch mehrere Heidegewächse. Auf dem freien Platze zwischen den Heidebüschen stehen zahlreiche Pflänzchen des Sandimmerschön (Helichrysum arenarium, Anfangsbild Fig. 3). Ihre Blätter schützen sich durch einen dichten Filzüberzug gegen die ausdörrenden Sonnenstrahlen, und die Blumen, goldgelb oder prächtig orange gefärbt, zeigen ringsum zahlreiche Hüllblättchen von trockener Beschaffenheit. Sie behalten ihr hübsches Ansehen noch jahrelang, nachdem sie gepflückt worden, und ihnen verdankt das Gewächs die Namen „Immortelle", d. h. Unsterbliche, und „Siebenjahresblume". Es bildet die Zierde der Mooskränze.

Etwas weiterhin siehst du eine nahe Verwandte des Sandimmerschön, das Katzenpfötchen (Gnaphalium dioicum). Es hat schon im ersten Frühjahr mit rosenroten und weißen Blumen geblüht und trägt jetzt bereits Samenwolle. Soeben nimmt sich ein Vögelchen einen Schnabel voll davon und fliegt dem Walde zu. Es wird sein Nest damit ausfüttern.

Unser Blick hat sich bereits gewöhnt, auch auf dem sandigen Heideboden Herrlichkeiten zu entdecken. Wir sehen die verschiedenen Moosarten, die sich im Schutze der Büschchen ansiedelten oder an anderen Stellen ganze Vertiefungen überziehen. Zwischen ihnen bemerken wir mannigfache Flechten, Gräser und Kräutchen: hier die Silberschmiele, das Sandriedgras, das in schnurgeraden Linien den Boden durchzieht, dort die flach am Boden ausgebreiteten weißen Knorpelblumen (Illecebrum, Anfangsbild Fig. 2), die Sandkräuter Bruchkraut (Anfangsbild Fig. 5) und Knäul (Anfangsbild Fig. 4), welches die rotfärbende Kermesschildlaus (das Johannisblut) an seiner Wurzel ernährt.

Wir könnten noch manche genußreiche Stunde hier weilen, um sie alle zu mustern, und würden dabei auch ein ganzes Heer von Sandkäfern und andere Sandinsekten entdecken, ebenso wunderbar in ihrem Bau wie in ihrer Lebensweise. Allein die Sonne neigt sich dem Horizont zu und mahnt uns zur Heimkehr.

22.

Eidechsen und Waldschlangen.

(Ein Blick auf die Reptilien unserer Heimat.)

Das Auge mit Schaudern hinunter sah,
Wie's von Salamandern und Molchen und Drachen
Sich regt' in dem furchtbaren Höllenrachen.
Schiller.

Wir gelangen heute bei unserer Entdeckungsreise zu einem sonnigen Bergabhang, einer kräuterreichen Halde. Heidelbeergestrüpp und junger Birkenanflug überziehen das Steingeröll. Isländische Flechte und weiche Moosarten bekränzen die grauen Felsblöcke, die hier und da über das niedere Gestrüpp emporragen.

Wir haben die Aussicht in ein waldumsäumtes schönes Tal, in welchem ein Bächlein langsam zwischen blühendem Vergißmeinnicht dahinfließt. Nach der linken Seite wird das Tal zur engen Schlucht, die Felsen werden höher und steiler, und an ihrem Fuße breitet sich ein dunkler Waldsee aus, in dem sich die alten Tannen spiegeln.

Der Hirt, welcher auf dem Wiesenfleck jenseit des Bächleins die kleine Schafherde weidet, würde uns viele Wunderdinge von jenem stillen Weiher in der düsteren Schlucht erzählen, wenn wir ihn darum fragten. Dort hausten nach seiner Versicherung vor alter Zeit große Schlangen und greuliche Drachen mit feurigen Augen, mit Flügeln und großen Krallen. Sie verspeisten Hirten und Bauersleute zum Frühstück und die Herde als Mittagsbrot, bis irgendein Ritter Georg, ein Held ohne Furcht und ohne Tadel, sie erlegte. Noch heute aber ist's, nach der Meinung des Alten, dort hinten nicht geheuer. Er selbst hat zwar keines der Ungetüme lebendig gesehen, allein sein Großvater hat es ihm erzählt, und dieser wußte es ganz genau von seinem Großvater. — Diese Beiträge zur Naturgeschichte des Waldes werden noch vermehrt, wenn wir alle jene Drachen und Basilisken dazu fügen, von denen die Waldmärchen so viel zu erzählen wissen; dann noch die Schlangen mit goldenen Kronen, die den Menschen allerlei Schätze und Edelsteine zeigen und sich schließlich in schöne Prinzessinnen verwandeln, wie der Frosch im Waldbrunnen in einen herrlichen Prinzen.

Uns werden diese Wundertiere, mit denen die Märchen und Volkssagen den Wald bevölkern, zur Anregung dienen, heute einen Blick auf das Geschlecht der Reptilien zu werfen, soweit dieselben in unseren Wäldern wirklich vorhanden sind.

Die zu den Amphibien gehörenden Frösche und Kröten sind uns schon alte Bekannte (s. Band I). Hier aber an dem sonnigen Abhange, wo wir uns auf einem Steinblock zur Rast niederlassen, werden wir Gelegenheit erhalten, bald einige der wichtigsten jener kaltblütigen Tiere zu beobachten.

Wir sitzen noch nicht lange auf unserem Throne, da raschelt es dicht bei uns im dürren Laube am Boden. Eine allerliebste Eidechse (Lacerta agilis) kommt aus ihrem Schlupfwinkel hervor und macht Jagd auf die Käfer, die sich im Sonnenschein tummeln. Wunderhübsch sind die kleinen Schuppen des ganzen Körpers in Braun und Grün gezeichnet, höchst gewandt und gefällig sind alle Bewegungen des kleinen flinken Geschöpfes. Kaum machen wir aber Miene, es zu verfolgen, so ist es wie ein Blitz zwischen den Gesteinen verschwunden. Die Eidechse hält sich stets nur in einem kleinen Bezirk auf, der ihr einmal zusagt; hier aber kennt sie auch jeden Versteck und jeden Schlupfwinkel und legt selbst dergleichen noch an, wenn nicht genug vorhanden sind. Es gewährt besonderes Vergnügen, ihrem Treiben zuzuschauen. Du brauchst nicht zu fürchten, daß sie dir ein Leid zufügt; sie ist ihrerseits sehr zufrieden, wenn du sie ungestört lässest. Fängst du sie mit schnellem Griff, so kann es wohl sein, daß sie dich in die Hand beißt; ihre Zähne sind aber so klein, daß der Biß nicht tief geht und nur unbedeutend schmerzt. Nachteilig ist er vollends gar nicht. Willst du dir daheim einen kleinen Tiergarten anlegen, ein sogenanntes Vivarium, so kannst du sie getrost mitnehmen. Sie wird schließlich ganz zahm und verzehrt die Regenwürmer, Mehlwürmer, kleinen Nacktschnecken, Käfer und Nachtschmetterlinge, die du ihr bietest; zur Not kann sie aber auch einige Monate hungern. Im Winter kriecht sie tiefer in die Erde, womöglich an solchen Stellen, die trocken und der Sonne ausgesetzt sind. Dort verschläft sie dann die unfreundliche Jahreszeit und kommt erst wieder zum Vorscheine, wenn es warm wird und die Kerbtiere, ihre Speise, sich wieder eingestellt haben. Sie legt im Frühjahre sechs bis acht bohnengroße Eier ins feuchte Moos, kümmert sich aber nicht weiter um dieselben oder um die ausschlüpfenden Jungen. Die auf einigen unserer mitteldeutschen Gebirge vorkommende Bergeidechse gebiert mitunter gleich lebendige Junge. Außerdem kommt besonders in den südlicheren Gegenden unseres Vaterlandes auch noch die grüne Eidechse (Lacerta viridis) vor, die auf der Oberseite prächtig grün und auf der Unterseite schön gelb ist.

Ein sonderbares Mittelding zwischen Eidechsen und Schlangen bildet die Blindschleiche (Anguis fragilis). Die gelehrten Leute zählen sie zu den Eidechsen und führen viele triftige Gründe dafür an — alle übrigen Leute nennen das Tierchen aber eine Schlange, da es gerade so lang und rund ist wie eine solche und auch keine Beine hat. Hinten und vorn sieht es fast gleich aus, nur daß es am Kopfe zwei Augen trägt, die mit ihrem lebhaften Glanze den Namen des Tieres Lügen strafen. Der ganze Körper ist etwa einen Finger dick und wird eine bis zwei Spannen lang. Auf der Oberseite sieht er blaßgrau aus, manchmal hat er drei dunklere Streifen. Die Bauchseite ist dunkler.

Es macht kaum ein zweites Tier unserer Heimat einen so sonderbaren Eindruck auf den Naturfreund wie die Blindschleiche. Du überraschst sie vielleicht im Grasbusch, in dem sie den jungen Nacktschnecken nachspürte, die sich dort vor dem austrocknenden Sonnenstrahl verkrochen haben. Du willst sie ergreifen, denn du weißt ja, daß sie kaum imstande ist, mit ihrem kleinen Munde und ihren noch viel kleineren Zähnen dich in den Finger zu beißen — da erschrickt das arme Wesen über alle Maßen vor dir; du erscheinst ihm wahrscheinlich als ein fürchterlicher Riese, daß es vor Angst in eine Art Starrkrampf verfällt und — mitten entzweibricht. Der abgebrochene Teil ist der Schwanz. Jeder Teil schlängelt nun in seiner Weise weiter, und es sieht aus, als wäre das Märchen von der Hydra zur Wahrheit geworden, und als seien aus der einen Blindschleiche zwei entstanden. Nach einiger Zeit hört freilich im Schwanze jede Spur von Leben auf. Er verwest. Immerhin ist er uns aber ein Fingerzeig, wie das Leben im Körper dieser Tiere so viel Abweichendes von unserem eigenen hat. Das abgeschossene Bein des Soldaten läuft nicht weiter, und dem armen Manne wächst auch kein neues wieder. Nach einigen Wochen hat die Blindschleiche aber wieder einen Schwanz, der gerade so lang ist wie der abgefallene.

Der übrige Körper des Tieres ist ebenfalls leicht zerbrechlich, und wenn du ihr mit der Gerte einen Schlag geben würdest, vielleicht in der irrigen Meinung, daß es eine Giftschlange sei, so bricht der Leib an der getroffenen Stelle auseinander, wächst aber dann nicht wieder.

Außer diesen Amphibien haben wir in unseren Waldungen noch drei Arten eigentlicher Schlangen: die Ringelnatter (Coluber natrix), die glatte Natter (Coluber laevis), welche beide ungiftig sind, und die giftige Kreuzotter (Vipera berus) oder Kupfernatter.

Die Ringelnatter wird am längsten von allen. Sie erreicht doppelte Armeslänge, ja man erzählt sogar von einzelnen, die manneslang geworden. In ihrer Jugend sieht sie stahlblau aus, später wird sie grünlichgrau oder olivenfarbig und ist dabei hübsch schwarzfleckig. Auffallend sind zwei weiße oder gelbe schwarzgesäumte Flecken an den Seiten des Halses, die ihr auch den Namen Kragennatter verschafft haben.

Ich habe dich absichtlich hierher an den Bergabhang in die Nähe des Baches geführt, denn ich weiß, daß dort eine solche Natter ihr Quartier aufgeschlagen hat. Du brauchst nicht ängstlich deshalb zu sein, sie beißt nicht. Selbst wenn du sie anfassen wolltest, würde sie dich höchstens mit einer stinkenden Flüssigkeit bespritzen, die nach Knoblauch riecht.

Von unserem versteckten Plätzchen aus können wir ihr Leben und Treiben gemächlich beobachten, doch müssen wir uns still verhalten, sonst flieht sie furchtsam in das Loch der Wasserspringmaus oder in den Maulwurfsgang und kommt sobald nicht wieder zum Vorscheine. Die Frösche am Bache sind ihre auserwählten Lieblinge. Kommt ein solcher grünröckiger Musikant ans Ufer, so fährt die Natter schnell auf ihn zu und packt ihn am Bein. Springt er aber in der Angst ins Wasser zurück, so schnellt die Schlange ebenso rasch hinter ihm her und schwimmt ebenso geschickt, wie sie auf dem Trockenen flink in ihren Bewegungen ist. Sie liebt es auch, zuzeiten ein Bad zu nehmen, muß aber dann wieder ans Land kommen können, um Atem zu holen. Wird sie gezwungen, im Wasser lange untergetaucht zu verweilen, so erstickt sie, wie alle die Tiere, welche durch Lungen Luft atmen.

Die gemeine Natter.

Meistens faßt die Natter den armen Wasserpatscher, der sich nicht wehren kann, an einem Hinterbein und würgt ihn lebendig hinunter, mag er auch noch so jämmerlich schreien und strampeln. Sie bringt stundenlang zu, ehe sie damit fertig wird. Kurz darauf sieht sie sich aber schon wieder nach einem zweiten um; und so frißt sie fünf bis sechs Frösche nacheinander, auch wohl ein paar Wassersalamander, wenn diese sich kriegen lassen. Hat sie sich vollgestopft, so schleicht sie nach ihrem Verstecke zurück, um zu verdauen, und liegt tagelang fast regungslos.

Sie kann an dünnen Bäumen sich ziemlich geschickt hinaufringeln und man sagt ihr nach, daß sie dann und wann auch einen Vogel wegschnappe.

Das Natterweibchen legt im August 20—30 Eier. Dieselben sind rein weiß, regelmäßig langrund und hängen durch einen zähen Faden miteinander zusammen. Die Eierschale ist nicht so hart wie bei den Vogeleiern, sondern nur zähe, etwa wie Pergament. Die alte Schlange brütet auch die Eier nicht aus, sondern sucht für dieselben Orte, die feucht und möglichst warm sind. Wohnt sie in der Nähe von Bauernhäusern, so benutzt sie nicht selten die Ställe und die Düngerhaufen dazu, um die Eier daselbst abzulegen, und mancher Landmann fand letztere, ohne sich ihren Ursprung enträtseln zu können. Er warf wohl gar den Verdacht auf den ehrlichen Haushahn, daß er der Eierleger gewesen sei.

Nach drei Wochen bereits schlüpfen dann die jungen Schlangen aus und sind gegen 15—20 Zentimeter lang. Sie begeben sich bald ins Winterquartier und verschlafen in einem Maulwurfsgange oder einem diesem ähnlichen Verstecke die schlechte Jahreszeit. Im Herbst des folgenden Jahres sind sie erst ungefähr zwei Spannen lang, wachsen also verhältnismäßig langsam, was wiederum darauf schließen läßt, daß die Nattern ein ziemlich hohes Alter erreichen. Man hat einzelne derselben bis zwölf Jahre in der Gefangenschaft gehalten und gefunden, daß sie ein ziemlich gutmütiges Wesen haben und leicht zahm werden. Einen interessanten Anblick gewährt es, wenn die Natter ihren Rock auszieht, was während des Sommers ungefähr nach je vier Wochen geschieht. Nachdem sie vorher eine Zeitlang verdrossen still gelegen hat, platzt ihr die Haut im Nacken auf und sie windet sich aus derselben heraus. Die neue ist ihr vorher bereits vollständig gewachsen und zeigt lebhafte Farben.

Manche Leute verspeisen die Nattern mit großem Appetite und behaupten, daß sie so gut schmecken wie die Aale. Wohl bekomm's, wem's mundet.

Die bei uns häufige Schwester der Ringelnatter heißt zum Unterschiede von ihr glatte Natter. Sie sieht gelbbraun aus, hat einen hufeisenförmigen braunen Querfleck im Nacken, und über den Rücken hin geht eine Reihe dunkler Querbinden, die nach dem Schwanze zu undeutlicher werden. Auf der Unterseite ist sie schwarzgrau, mit rotbraunen Zeichnungen. Sie ist noch lebhafter als die Ringelnatter, dabei aber auch sehr bissig. Willst du sie fassen, so fährt sie schnell nach der Hand, und du erhältst eine Wunde von den Fangzähnen, als wärst du mit zwei Nadelspitzen gestochen worden. Du brauchst aber deshalb nicht ängstlich zu sein, die kleine Wunde heilt bald, ohne daß üble Folgen davon entstehen. Sie stellt vorzugsweise den Eidechsen nach.

Etwas anderes ist es dagegen mit der **Kreuzotter** (Kupferotter, Vipera berus). Das ist ein schlimmer giftiger Bursche. Solche sonnige Halden, wie diejenige ist, an der wir uns befinden, sind ihr liebster Aufenthalt. An solchen Stellen liegt sie gern zwischen Birkenanflug und Flechtenbüscheln auf weichem Moos oder auf einem warmen Stein. Sie ringelt sich zusammen und läßt sich vom Sonnenscheine wärmen. In manchen Gegenden Deutschlands fehlt sie gänzlich, in anderen dagegen ist sie noch in größerer Zahl anzutreffen, so besonders in einigen Heiden und Moorgebieten Norddeutschlands.

Kreuzotter.

Sie ist als ein nächtliches Raubtier bekannt und liegt deshalb während des Tages gewöhnlich träge auf derselben Stelle und beißt denjenigen, der ihr unvorsichtig zu nahe kommt. Am meisten sind Frauen und Mädchen jener Gefahr ausgesetzt, wenn sie barfuß gehen oder Holz und Waldbeeren sammeln. Wer Stiefel trägt, die bis fast an die Kniee reichen, ist vor dem Biß der Kreuzotter ziemlich sicher. Sie springt von ihrem Lagerplatze nicht auf ansehnliche Entfernungen gegen den Menschen los, höchstens ein paar Spannen weit, verfolgt ihn auch nicht. Ein kräftiger Rutenhieb genügt schon, ihr das Rückgrat zu zerbrechen und sie kampfunfähig zu machen. Selbst dann ist aber noch große Vorsicht zu beobachten, denn sogar der abgehauene Kopf beißt noch geraume Zeit nachher.

Während der Nacht schleicht die Kreuzotter wahrscheinlich umher und spürt ihrer Beute nach. Sie verfolgt mit Vorliebe die Acker- und

Waldmäuse, verzehrt aber auch Spitzmäuse und junge Maulwürfe, sowie Nestlinge solcher Vögel, die auf der Erde brüten. Kommt sie einer Maus nahe genug, so schießt sie wie ein Blitz auf dieselbe los und versetzt ihr einen Biß. Dieser ist zwar auch nicht bedeutender als jener der Natter, allein es fließt gleichzeitig Gift in die Wunde, welches das kleine Tier augenblicklich lähmt und in wenig Minuten tötet. Die Viper verschluckt die Maus zuweilen auch auf einen Bissen. Dabei kommt es dann wohl vor, daß ihr das Tier zu groß ist und ihr das Maul zerreißt, oder der Leib aufplatzt und sie an ihrer Mahlzeit stirbt.

Auf andere Geschöpfe wirkt das Gift höchst verschieden; manche sterben ebenfalls davon, andere werden nur krank, noch anderen schadet es gar nichts. Manche Menschen sind infolge eines solchen Bisses gestorben, andere mit Unwohlsein davongekommen. Ihre Farbe wechselt je nach dem Alter und nach dem Geschlecht. Auf der Oberseite sieht sie grünlichgrau oder braun aus und ist an einem dunkelbraunen Zickzackstreifen kenntlich, der auf dem Rücken entlang läuft. Die Unterseite ist schwärzlich. Hat man ja das Unglück, gebissen zu werden, so ist es gut, wenn man die Wunde durch einen herzhaften Messerschnitt größer macht, das Blut aussaugt und das Glied, wenn solches möglich ist, straff unterbindet. Das Aussaugen muß jemand besorgen, der keine Wunde im Munde oder an den Lippen hat. Außerdem ratet man gegenwärtig als bestes Heilmittel solchen, die von einer Kreuzotter gebissen worden sind, ansehnliche Mengen von starken weingeistigen Flüssigkeiten zu trinken: Rum, Kognak, Arrak oder Branntwein, was gerade am schnellsten zur Hand ist. Das Einwickeln des gebissenen Teiles in gewärmten feuchten Lehm soll auch gute Dienste leisten.

Während des Winters verkriecht sich die Kreuzotter gesellschaftlich in trockene Verstecke: hohle Bäume, unter Baumwurzeln, in Felsklüfte u. dgl. und verbringt die kalte Jahreszeit ohne Nahrung in Erstarrung.

Die übrigen Reptilien unserer Wälder sind für uns ohne Schaden, sie gewähren uns im Gegenteil manchen Nutzen und viel Unterhaltung. Deshalb sind sie uns Gegenstände, die uns Vergnügen gewähren und vor denen wir weder Furcht noch Abscheu zu haben brauchen.

Bodetal. Aussicht auf Hexentanzplatz und Roßtrappe.

23.

Auf Berges Höh'!

(Rückblick über den Wald.)

— Sieh,
Wie alles sich zum Ganzen webt,
Eins in dem andern wirkt und lebt!
Wie Himmelskräfte auf und nieder steigen
Und sich die goldnen Eimer reichen!
Mit segenduftenden Schwingen
Vom Himmel durch die Erde dringen,
Harmonisch all das All durchdringen!

Goethe.

So sind wir denn miteinander gewandert über die Berge und Höhen des herrlichen Waldes, haben die stillen Täler und Gründe durchstrichen und sind zuletzt hinaufgekommen auf den höchsten Berg in der Runde, dessen kahles Felsenhaupt weit hinwegschaut über alle niederen Gipfel umher! — Hier wollen wir zum Schluß unserer Wanderung noch einige Minuten weilen und von der Höhe hinab einen Blick werfen über den Wald zu unseren Füßen.

Dicht unter uns ragen die Wipfel dunkler Tannen, weiterhin schimmern im Sonnenschein die prächtigen Kronen des Buchenwaldes und die ehrwürdigen Eichen.

Der Fels, auf dem wir stehen, ist fester Granit. Vielleicht haben ihn vor unendlichen Zeiten die Feuergewalten der Erde geschmolzen und hier emporgetrieben: vielleicht ward er aus dem Wasser zunächst als Flözschicht abgelagert, wie die Kalkberge umher mit ihren versteinerten Muscheln und Ammonshörnern — und veränderte erst später seine Form und sein Ansehen — wer mag es entscheiden?

Kreisflechte (Gyrophora cylindrica).

In jedem Falle aber war sein mächtiger Felsenleib anfänglich kahl und öde, die Sonne beschien weitum zunächst nur nacktes Gestein. So geschieht es noch heute, wenn die vulkanische Kraft der Erde irgendwo aus dem Meere ein neues Eiland emporhebt oder das Wasser des Ozeans von einem Korallenriff zurücktritt. Hier auf des Berges Höhe treffen wir jetzt noch die ersten Bewohner des nackten Gesteins: die zierlichen Flechten, diese winzigen Gnomen des Pflanzenreiches. Wie nach der Sage die Zwerge im Innern des Berges fortwährend schaffen und tätig sind, so haben die Flechten droben am Felsgestein seit Jahrtausenden gearbeitet und ruhen auch jetzt noch nicht.

Der Wind führte vielleicht die feinen Zellenstäubchen herbei, durch welche sich die Flechten fortpflanzen, und die so klein sind, daß die einzelnen dem bloßen Auge entschwinden. Der Nachttau und der feuchte Westwind netzten das Gestein, die Flechtenstäubchen aßen Nebeltropfen und tranken die Luft des Himmels. Der Blick der Sonne wärmte sie und trieb sie zur Arbeit. So bildete sich Zelle um Zelle zum flachen Lager, welches sich dicht an den Grundstein schmiegte. Hier überzieht den Block die Landkartenflechte (Lecidea geographica). Ihre gelbgrün glänzenden Felder sind schwarz gesäumt und schwarz getüpfelt, so daß der ganze Gipfel von fern schön gelb leuchtet. Ältere Arten spielen ins Graue und vermehren die bunte Mannigfaltigkeit. Daneben breiten sich Schüsselflechten (Lecanora), Scheibenflechten (Lecidea) und Wandflechten (Parmelia) in Grau, Blau und blendendem Goldgelb. Kreisflechten (Gyrophora) und Nabelflechten (Umbilicaria) heften sich nur mit der Mitte ihres Laubes am Gestein fest und wölben sich rosettenartig ab oder hängen gleich dunkelgrauen Tapeten an den Seiten der Felsen hernieder. Das sind dieselben Gewächse, welche die öden Gestade der Polarländer schmücken, dieselben, welche manchem Polarreisenden das Leben zur Zeit der Hungersnot fristeten, wenn auch nur notdürftig.

Steinbrech.

Das Flechtenlager hält am Stein die Feuchtigkeit zurück und wirkt auflösend selbst auf den harten Granit. Trenne eine dieser Flechten mit dem Messer vom Gestein ab — du wirst stets finden, daß letzteres darunter mürbe ist und einzelne Körner am Gewächs hängen bleiben. So tragen die Flechten viel dazu bei, das unfruchtbare Felsgestein zu zerfressen und aufzulösen. Siehe, hier am Boden füllen feine Körnchen alle Lücken und werden von jedem Regenguß weiter talwärts geführt.

Die Moospolster helfen ihren Geschwistern, den Flechten, bei dieser Bearbeitung des Bodens. Beide sind die ersten Werkleute des Waldes. Sie selbst zerfallen schließlich in schwarze, fruchtbare Erde (Humus), die sich mit den Quarzkörnchen, dem Glimmersand und Feldspatteilchen vermischt. Das gibt bereits einem Grassamen hinreichende Nahrung. Genügsames Heidekraut, ein Vogelbeerstämmchen und hier und da eine Birke klammern sich fest. Auch einige Bergblumen kommen dazu: z. B. Steinbrech, Felsenlabkraut, ein Eisenhut oder ein Lattich. Alljährlich sterben die Blütenstengel und Blätter der Kräuter und Gräser ab.

Das Laub der Gesträuche sinkt mit ihnen zu Boden, das gute Land mehrt sich und wird mächtig genug, um hoch aufsprossende Bäume zu nähren, die ihrerseits fortfahren, durch abgeworfene Zweige, Rindenschuppen, Knospendecken, Blüten und Laub frische Walderde für künftige Pflanzengeschlechter zu bilden. In Wäldern, in denen der Mensch nicht in das stille Leben der Gewächse mit eingreift, sinkt auch schließlich der alte Baum unter der Last seiner Jahre zusammen, und sein gewaltiger Stamm, samt dem Gezweig, wird zu Mulm und zu Humus.

Wir haben bei unseren Waldfahrten das Leben der Bäume und Gesträuche verfolgt, haben gesehen, wie Kräuter und Gräser in mannigfachen Beziehungen zu den Holzgewächsen des Waldes stehen, und dann vielfach das Treiben der Tierwelt belauscht, das sich den verschiedenen Gewächsen des Waldes innig anschließt.

Das Laubwerk ernährt viele Schmetterlingsraupen, Blattwespen, Gallwespen, die ihrerseits wieder dem Heer der gefiederten Waldsänger zur Speise werden. Von Laubknospen und Lauch zehren ebenfalls die Waldhühner und das Rotwild. Rinde, Bast und Holz der Bäume bieten Käfern und Holzwespen Obdach und Nahrung. Ihnen stellen die Spechte und andere Baumläufer nach. Von den Nüssen zehren Nußhäher, Eichelhäher und Krähenvögel, Eichhörnchen und Mäuse. Die Raubvögel, sowie die Füchse, Marder und Wildkatzen halten strenge polizeiliche Aufsicht über das kleine pflanzenfressende Getier, auf daß seiner nicht mehr wird, als für das Bestehen des Ganzen gut ist. Raubkäfer, Schlupfwespen, Libellen, Spinnen und Fledermäuse führen einen ähnlichen Krieg gegen die übrigen Glieder der Insektenwelt. Vermehrt sich irgendeine Tierart im Übermaß, so zeigt sich sofort auch der Nachteil. Nicht lange währt es aber, so sind auch die Feinde derselben zahlreicher geworden, da ihnen die Nahrung im Überflusse geboten wird. Sie stellen bald das Gleichgewicht wieder her.

Die größeren Raubtiere hat der Mensch ausgerottet. Die Waldungen unseres Vaterlandes bergen weder einen Bär, noch einen Wolf oder Luchs, nur in äußerst seltenen Fällen läßt sich einmal ein solcher Gesell erblicken, der aus den Nachbarländern zuwanderte, sein Leben aber nie lange behält. Der Jäger muß deshalb die Aufsicht über den Wildstand des Waldes selbst übernehmen und liefert unseren Küchen die Rehbraten, die ehedem von den Raubtieren der Wildnis verzehrt wurden. Die Hirsche sind aus den meisten Waldungen des flachen Landes vertilgt, nur im Gebirge schont man sie noch.

Aussicht vom Bergesgipfel (Bastei in der Sächsischen Schweiz).

Wildschweine finden sich nur noch in Gehegen und werden schon halb den Hausschweinen ähnlich. So wird der Wald selbst fast zum Tiergarten, wie anderseits der Förster die Wildnis in den Forst verwandelt, Windbrüche werden beseitigt, Blößen besäet und bepflanzt. Das sorgsame Auge des Forstverständigen erforscht für jede Baumart diejenigen Stellen, an denen sie am besten gedeiht. Baumschulen werden angelegt, junge Ansaaten geschützt, zu dicht stehende Bäume entfernt und das ganze Gebiet eines Waldes nach regelmäßigen Schlägen eingeteilt. Jedes Jahr liefert dann sichere Ausbeute an Bauholz, Brennholz und Nutzholz.

Mit Brennholz versorgen sich die näher liegenden Städte und Dörfer, Glashütten und Schmelzwerke. Zahllose Scheite schwimmen auf den Flüssen talwärts, um den entfernteren Orten zu dienen. Aus Knorren, Astwerk und Wurzelstöcken baut der Köhler seine Meiler und bietet den Hochöfen, dem Goldschmied, Klempner und anderen die starkhitzenden Kohlen. Die Harzscharrer sammeln Harz aus dem Nadelwald, andere Terpentin. Diese bereiten Ruß, jene Teer oder Pech.

Aus den jungen Eichenschlägen fahren ganze Wagen voll Eichenrinde der Lohmühle zu, die unten im Tale pocht und lärmt. Weiter droben im Waldtal schnarchen die Sägen der Schneidemühle. Bretter, Pfosten, Latten und Balken gehen aus ihr hervor. Auf den Landstraßen hin ächzen die Achsen, auf denen die mächtigen Stämme zu Tal geschafft werden. Andere Stämme und Bretter trägt der Fluß weiter. Sie werden zu Flößen zusammengesetzt, welche weit in die Welt ziehen. So sendet der Schwarzwald seine schlanken Kinder, die Baumstämme, bis nach dem fernen Holland. Dort werden sie zu Häusern und Schiffen. Wer zählt die tausend und abertausend Formen auf, in welche die verschiedenen Holzarten sich unter den geschickten Händen zahlreicher Künstler und Handwerker gestalten? Das Holz des Waldes wird zur Wiege, zum Bett und zum Sarg — es wird zum Stubengerät, zum Pianoforte, zur Flöte, Violine, auch zum vielgestaltigen Spielzeug des Kindes. Wo du im Zimmer auch hinschaust und auf den Straßen der Stadt umherblickst, allenthalben grüßt dich der Wald — denn allenthalben trifft dein Auge auf Holzarbeit — wird ja Holz sogar zu Papier und Pappe verarbeitet.

Auch die kleineren Gewächse des Waldes sind nicht ohne Bedeutung für die Menschen. Zahllose Kinder und Frauen sammeln Erdbeeren, Heidel- und Preißelbeeren, ebenso auch Himbeeren. Andere tragen die

Samen der Waldgräser und der Bäume zusammen und bringen sie in den Handel; noch andere begnügen sich mit eßbaren Pilzen oder Arzneigewächsen. Frühlingsweiß, Maiblumen, Lerchensporn, Diptam, Kuckucksorche (Platanthera), Fliegenblumen und manch anderes schönes Waldblümchen triffst du auf den Märkten der Städte feilgeboten. Es findet allezeit willige Käufer.

Kohlenbrenner im Harz.

Zu Ostern wandern die Weidenzweige mit treibenden Blütenkätzchen zur Stadt, zu Pfingsten setzt sich ein ganzer Birkenwald in Bewegung, zu Johannis das Eichenlaub und zu Weihnachten Tannen und Fichten. Auch des Haselstrauches und seiner schlanken Schößlinge wird mitunter gedacht, sowie des zähen Gezweiges der Birke, das sich zum Besen gestaltet.

Der Vogelfänger bietet die gefangenen Singvögel feil, auch wohl ein lustiges Eichhorn, eine Haselmaus oder einen drolligen Kauz. Der Wildbrethändler breitet des Waldes Schätze vor den Gutschmeckern aus, die neben dem Fleische der Haustiere etwas anderes begehren:

Wildschwein und Hirsch, Reh und Kaninchen, Fasanen und Haselhühner, auch wohl ein Birkhuhn oder einen Auerhahn. — Fürs ganze Land kann ein Bergwald zur Wohltat werden, indem er die Quellen der Flüsse und Ströme schützt und die aus den Wolken stürzenden Gewässer regelt. Von kahlen Gebirgen ergießen sich die Wasser der Gewittergüsse verheerend ins Tal, von Waldgebirgen nehmen sie dagegen langsam und segenbringend dorthin ihren Weg.

Und was könnte uns den Genuß ersetzen, den der Wald unserem Geist und Herzen während des ganzen Jahres bereitet? Willst du den Reichtum des Pflanzenreichs kennen lernen, so bietet sich dir der Wald als eine reiche Fundgrube. Magst du lieber die Gestalten der Tiere beobachten, das Leben und Treiben der letzteren ins Auge fassen, siehe, dann wird der Wald dir zum Schatzkästlein, aus dem dir in jedem neuen Jahre neue geistige Genüsse hervorgehen!

Der Reichtum des Lebens im grünen Waldrevier, der Einklang, in welchem die zahllosen Wesen dort stehen und ein harmonisches Ganze bilden, dies alles spricht mächtig zu deinem Gemüt. Die frische Waldluft weht die Sorgen von der Stirn, das Lied der Vögel macht dein Herz fröhlich; singen sie doch Danklieder dem ewigen Vater alles Lebendigen, und selbst wenn der Wald vom weißen Schneetuch bedeckt ist, ohne Blumen und Nachtigallen, dann werden auch die dunkelgrünen Tannen und die Knospen der Laubhölzer zu Predigern, welche dir ein neues Leben nach dem Todesschlafe des Winters verkündigen.

24.

Wald und Wild in der Stadt.

(Ein Gang durch den Tiergarten.)

— Ich tadle nicht gerne, was immer dem Menschen
Für unschädliche Triebe die gute Mutter Natur gab;
Denn was Verstand und Vernunft nicht immer vermögen, vermag oft
Solch ein glücklicher Hang, der unwiderstehlich uns leitet.
Lockte die Neugier nicht den Menschen mit heftigen Reizen,
Sag', erführ' er wohl je, wie schön sich die weltlichen Dinge
Gegeneinander verhalten? Denn erst verlangt er das Neue,
Suchet das Nützliche dann mit unermüdlichem Fleiße,
Endlich begehrt er das Gute, das ihn erhebet und wert macht.

Goethe.

„Komm mit in den Wald!" habe ich dir wiederholt zugerufen. Du wohnst aber vielleicht in einer großen Stadt und antwortest mir deshalb: „Gern ginge ich mit in den grünen Lusthain voll Blumen, Schmetterlinge, Vögel, Eichhörnchen und Rehe — aber wo ist bei mir Wald? Hier sind viel Häuser und Paläste, Schulen und Kirchen, auch schattige Promenaden und rundum Felder mit Kartoffeln und Getreide — Wald aber ist meilenweit hin nirgends!"

Diesen üblen Umstand haben besonders in den letztverflossenen Jahren nicht bloß die Kinder, sondern auch die erwachsenen Leute großer Städte gefühlt. Der Mann, welcher während der ganzen Woche im Zimmer arbeitete — sei es mit Werkzeug, sei es mit der Feder — er möchte am Feiertage gar zu gern wenigstens ein Stückchen vom Walde, vom grünen ebendigen Tempel des Herrn haben; möchte sich freuen über Bäume

Sträucher und den grünen Rasenplan — vor allem aber auch über die vielerlei Tiere, über ihr eigentümliches Gebaren und Treiben.

So hat mancher, wie wir bereits bei unseren Entdeckungsfahrten in der Wohnstube bemerkten, allerlei Singvögel mit ins Zimmer genommen und ergötzt sich am Gesang der kleinen Gefangenen. Ein anderer zieht Raupen im Raupenzwinger groß und wartet darauf, daß bunte Schmetterlinge aus ihren Puppen hervorgehen. Jener legt sich eine Menagerie zwischen seinen Doppelfenstern an, in welcher er Eidechsen, Blindschleichen und Nattern pflegt und ihnen aus Steinstücken, Moos und Ästen eine kleine Wildnis schafft. Dieser zähmt sich ein Eichhörnchen und bewundert die Turnkünste desselben, oder er pflegt Wassergeschöpfe im Aquarium.

Was seit langer Zeit einzelne Leute im kleinen versuchten, jeder auf eigene Hand in seiner Wohnung, das richtet man sich gegenwärtig gemeinschaftlich im großen ein; Tiergärten in oder dicht bei der Stadt, Wald und Wild mitten zwischen den Wohnungen der Menschen. Man räumt den interessantesten Tieren des Waldes im Tiergarten ein Plätzchen ein und macht ihnen dort das Leben so bequem und angenehm als möglich.

Ehedem spielten Hirsche und Wildschweine im Walde die großen Herren, spazierten zu Abend ins Freie, zertraten das Getreidefeld, verwüsteten den Weinberg und zerwühlten die Rübenäcker des Bauern. Später, als die Fürsten des Landes sich ihren Untertanen vorsorglicher annahmen, wurde dies Großwild entweder niedergeschossen und gänzlich ausgerottet oder nur in bestimmten umhegten Waldungen geduldet. Um den Hirschpark zieht sich stundenweit ein hoher Verschlag aus Latten, der den übermütigen Hirschen das Überspringen verwehrt. Um den Saugarten ward eine feste Planke aufgeführt aus starken Pfosten und mit eisernen Gittertoren. Dort können die vornehmen Herren jährlich Jagden auf Hirsche und Wildschweine halten, ohne dem Landmann und Bürger irgend zu schaden.

So tückisch und grimmig die wilden Eber aber im freien Walde vormals waren, so werden sie im Gehege nicht selten zahmer, als dem mutigen Jagdfreunde angenehm ist, der gern einmal eine Sauhetze abhalten möchte, bei der auch ein wenig Gefahr vorhanden wäre. — Als die Arbeiter durch den Saugarten des Schwarzatales (Thüringer Wald) einen Weg bahnten, kamen alle Wildschweine genau zur Frühstückszeit zu ihnen, um sich ein Stückchen Brot zu erbetteln.

Ein vornehmer Herr hatte auf einem seiner Güter am Rhein einen Waldgarten für Wildschweine errichten lassen und wollte dann nach einigen Jahren mit seinen Jagdfreunden eine grimmige Sauhatz abhalten. Die kühnen Jäger zogen beim Morgengrauen ins Dickicht, gefaßt auf gefährliche Kämpfe und Abenteuer. Sie fanden allent-

Im Hirschpark.

halben im feuchten Waldboden zahlreiche Spuren, aber kein einziges Schwein. Mißmutig kehrten sie endlich zurück und fragten den Wärter, der die Aufsicht über den Park hatte — da erfuhren sie, das ganze große Rudel Wildschweine liege friedlich dicht neben dem Hause und warte auf Abfälle aus der Küche. Die wilden struppigen Gesellen waren in wenigen Jahren so zutraulich und zahm geworden, wie ein Schwein überhaupt werden kann. — So mögen sich unsere Vorfahren vielleicht auch aus dem Wildschwein das zahme Schwein erzogen haben.

Vornehme Herren begnügten sich mitunter auch nicht mit dem Wild, welches der deutsche Wald ihnen bot. Sie versuchten andere Wildarten aus fernen Gegenden einzuführen und machten dadurch ebenfalls einen Anfang zu Tiergärten. Dem Hirsch und Reh gesellten sie Damwild (Abbild. S. 185) zu, das die Mitte zwischen beiden in bezug auf die Größe hält, dabei aber ein breiteres schaufelförmiges Geweih trägt. Zu den Waldhühnern, die bei uns vorkommen, fügte man in eingehegten Waldungen den Fasan (S. 199), der vom Kaukasus stammen soll. Im Winter muß man ihn freilich bei uns gewöhnlich einfangen und in Ställen füttern, ähnlich wie die Haushühner, und auch der Eier muß man sich meistens besonders annehmen und sie von Haushühnern ausbrüten lassen. Die Fasanenhenne legt ihr Nest am Boden an und sitzt dann so fest auf den Eiern, daß sie gewöhnlich samt den letzteren dem Fuchs oder anderen Raubtieren zur Beute wird, wenn man sie im Freien brüten läßt. Den gemeinen Fasan pflegt man in den sogenannten Fasanerien; seine Vettern, den Gold- und Silberfasan mit ihren zahlreichen Spielarten zieht man nur, um sich an ihrem schönen Gefieder zu ergötzen.

In den Tiergärten hegen wir diejenigen Tiere unseres einheimischen Waldes, welche überhaupt die Gefangenschaft ertragen, und neben ihnen auch möglichst mannigfaltige Geschöpfe anderer Länder und anderer Erdteile. Machen wir im Geiste miteinander einen Gang durch einen solchen zoologischen Garten, wie ihn Berlin, Wien, Dresden, Frankfurt a. M., Hamburg, London, Paris und andere große Städte besitzen, und verschaffen wir uns wenigstens einen Überblick über den hauptsächlichsten Inhalt einer solchen künstlichen Wildnis, sowie über die wichtigsten Vorteile, die sie bietet.

Die schattigen Laubgänge der Promenade führen uns zu der hohen Mauer, die den Tiergarten rings umgibt. Wir verschaffen uns an der Pforte Einlaß. Der Tierhüter läßt uns eintreten, und wir kommen auf einen großen hübschen Platz mit Kiesgrund. Rundum stehen zahlreiche hohe Bäume, und von den Ästen herab hängen an dünnen Ketten die Kletterbügel von bunten Papageien und Kakadus. Ein lautes Kreischen und Pfeifen bewillkommnet uns. Ein feuerroter Ara schaukelt sich mit seinem Futterkästchen in weitem Bogen hin und her und schlägt klatschend mit den Flügeln nach seinem Nachbar, einem blau und gelben sogenannten „indischen Raben".

Papageien und Kakadus.

Ein paar schneeweiße Kakadus mit goldgelben Hauben klettern mit Schnabel und Füßen abwechselnd an ihren schwebenden Bügeln so weit hinauf, wie es die Kette an ihrem Fuße nur zuläßt. Sie rufen uns ihren Namen entgegen, und ein herrlich grüner Papagei wünscht uns deutlich einen „Guten Tag!"

Von dem Platze aus teilt sich der Weg. An jeder Gabelung des breiten Pfades sind Tafeln aufgerichtet; an diesen zeigt eine angemalte schwarze Hand die Richtung, welche wir zu verfolgen haben.

So wandeln wir rechts hin eine Strecke in einem schattigen Laubgange entlang und kommen zum Affenhause. Ein hohes Gebäude ist aus Säulen und starkem Drahtgeflecht aufgeführt, oben von einem kegelförmigen Dache geschützt. Inwendig besteht der Boden aus weichem Sandgrund. Aus der Mitte erhebt sich eine Anzahl verästelter biegsamer Bäume, die als Kletterstangen dienen. Denselben Zweck haben auch jene Seile, die in Bogen querüber gezogen sind. Vom Dache herab hängen noch mehrere Taue, die unten Reifen und Ringe tragen.

Hier herrscht ein munteres lustiges Leben. Ein großer Pavian hat sich wie ein Negerhäuptling im Sonnenschein am Boden ausgestreckt, und zwei kleinere Affen sind beschäftigt, seinen Pelz zu untersuchen und denselben von fremden Bewohnern zu säubern. Ein anderer neckischer Bursche schleicht hinterlistig herbei und packt plötzlich einen der Kleinen beim Schwanze, zaust ihn tüchtig und ist dann mit einigen blitzschnellen Sätzen hoch droben auf der Spitze der Baumzweige. Der Gezupfte macht seinem Ärger in lautem Gekreische und Meckern Luft und jagt ebenso schnell dem Flüchtigen nach. So sitzen sie sich gegenüber, weisen sich die Zähne und schneiden sich um die Wette Gesichter, bis die erste Hitze des Zornes verraucht ist.

Währenddessen schaukelt sich ein schlankes Meerkätzchen in einem Ringe in weitem Bogen hin und her. Ein Nasenbär, ebenfalls ein tüchtiger Kletterer, nur trägerer Natur, spaziert bedächtig drunten hin. Schwapp! hat der Affe den Nasenbär beim Ohr gefaßt und ist ebenso schnell am Tau bis hinauf zum Dache geflüchtet, ehe sich der Gefoppte besonnen hat, gegen wen er seine scharfen Klauen oder seine noch schärferen Zähne zu gebrauchen habe.

Auf einem Hauptaste des Baumes hockt eine ganze Affenfamilie nebeneinander, Vettern und Basen dazu. Es ist ihnen vielleicht noch nicht warm genug, denn sie schmiegen sich dicht aneinander. Eins hat das andere im Arm und drückt es zärtlich an sich. Einer von ihnen bemerkt uns und steigt lüstern herab. Er kommt zum Gitter, sieht uns bittend ins Gesicht und streckt die Hand durch die Masche des Drahtgeflechtes. Vergnügt nimmt er das Stückchen Semmel, welches wir ihm bieten, und will es verspeisen — aber eben, als der leckere Bissen in den geöffneten Mund spazieren soll, stiehlt ein anderer schlauer Bursche ihm die Beute vor den Lippen weg und flieht.

Im Affenhaus.

Der Bestohlene kreischt auf und verfolgt den Räuber, mehrere andere erschrecken und schreien mit. Laute des Ärgers, des Schrecks und der Wut mischen sich in betäubendem Spektakel durcheinander. Der Dieb hat bereits seinen Raub im Munde, da erteilt ihm ein Stärkerer eine herzhafte Ohrfeige, zwingt ihn, die Zähne zu öffnen und holt ihm die Semmel wieder hervor, um sie, zum Lohn für die richterlichen Bemühungen, selbst zu verzehren.

Doch wir müssen weiter, denn die Zeit ist uns knapp zugemessen. Links neben dem Pfade gewährt ein frischgrüner Wiesenfleck angenehme Abwechslung zwischen den Baumschlagpartien. In seiner Mitte befindet sich ein kleiner Wasserbehälter, der Schildkrötenteich. Rundum verwehrt ein Gitter den Schildbürgern die Flucht. Sie marschieren mit ihren kuriosen Beinen bedächtig Schritt für Schritt und sehen dabei so hölzern und ungeschickt drein, als hätte ein Drechslerlehrling sie geschnitzt. Einige von ihnen schmausen Salatblätter, andere schwimmen im Wasser, wieder andere sind im Begriff, sich am Ufer hinaufzuarbeiten.

Auf dem Rasenplan sind einige Blumenbeetchen zierlich eingefügt, eines davon hat der Gärtner mit der moschusduftenden Gauklerblume besetzt, welche weithin die Luft durchwürzt. In dem Gebüsch dicht daneben ist aber auch der Käfig einer Zibetkatze, und mancher, der das schlanke Tier betrachtete, ohne auf die Pflanzung drunten zu achten, rechnet dem Vierfüßler den Moschusduft der Blumen auch mit an. Die nächste hölzerne Hand weist uns nach einem niedlichen Häuschen. Wir treten in dasselbe ein und sehen im Innern ein Wasserbassin mit Krokodilen, die sich ganz behaglich zu fühlen scheinen. Auch ein Sandplatz ist vorhanden, der ihnen als Promenade dient, wenn sie sich auf dem Trocknen ergehen wollen. In einem geheizten Verschlage daneben ruht ein Gürteltier. Es schläft jetzt, da es die Nacht über munter gewesen ist, und hat sich zu einer Kugel zusammengerollt.

Wir verlassen das Krokodilhaus und wandeln durch eine Gebüschgruppe weiter, bis uns ein hohes Holzgehege den Weg versperrt. Schon von fern hören wir das Gebrüll des mächtigen amerikanischen Hirsches (Wapiti), der an dem Pfahlwerk entlang streicht und uns aufmerksam anschaut, ob wir ihm ein Stückchen Brot mitgebracht haben. Sein stattliches Geweih mag im Freien eine gewaltige Waffe sein, mit der er sich gegen Wölfe und andere Raubtiere verteidigt.

An seiner Stallung, an deren Wand die Raufe voll Heu liegt, stößt das Gehege einer Renntierfamilie, die sich vor nicht langer Zeit um ein paar Junge vermehrt hat. Einen höchst sonderbaren Anblick gewährt in der nächsten Umzäunung ein Elen mit mächtigem schweren Geweih und einem Kopfe, der durch seine Plumpheit stark an den der Kuh erinnert.

Weiterhin nimmt uns ein düsteres Wäldchen auf, dessen dunkle Fichten und Tannen uns kräftigen Harzgeruch entgegenhauchen. Links schaut uns aus dem Dickicht ein funkelndes Augenpaar an. Dort kauert eine brasilianische Tigerkatze, ein Ozelot, mit prächtig geflecktem Pelze. Sie würde eine unangenehme Begegnung für uns sein, wenn nicht die starken Eisenstäbe des Käfigs uns schützten. Mitten im Dickicht steht auf einem freien Plätzchen ein rundes Häuschen aus Baumrinde, oben mit dichtem Strohdach gedeckt. Hierin sitzen in den verschiedenen Abteilungen fast alle unsere Eulenarten: vom großen Uhu und der Sumpfohreule bis zum kleinen Kauz. Einige Ruhebänke gestatten uns Erholung, und wir können behaglich die wunderlichen, ernsthaften Gesellen mit ihrem sonderbaren Augenspiel und dem Schnabelknappen betrachten.

Die nächste Wendung des Weges bringt uns zu einem Häuschen mit hochvergittertem Hofraum. In letzterem spaziert ein Paar australischer Kasuare, Vögel, die größer sind als wir selbst, harte, schwarze, borstenartige Federn haben und besonders durch die blauen und roten Fleischlappen am Halse uns auffallen. Es sind zwei stattliche Burschen, die mit ihren starken Füßen und Schnäbeln derbe Hiebe auszuteilen vermögen. Mit Begierde schnappen sie nach den Apfelstücken, die wir ihnen vorwerfen. Doch eilen wir weiter. Das nächste Wäldchen ist mit einem Netzwerk aus Draht umsäumt. Eine zierliche Brücke führt über einen breiten Wassergraben, der zwei Teiche miteinander verbindet. An dem kleineren Bassin rechts sonnen sich einige schöne Pelikane, die gewaltigen langen Schnäbel mit dem gelblichen Kehlsack träge auf den gefüllten Kropf gelegt. Es sind starke Tiere, gegen welche unsere Gänse wie Zwerge erscheinen. Neben ihnen halten zwei wunderliche Marabus stehend ihr Mittagsschläfchen. Auf und an dem großen Teiche zur Linken herrscht ein buntes Gewimmel von Wasservögeln. Weiße und schwarze Störche stehen friedlich nebeneinander, gemeine Reiher und Löffelreiher spazieren mit langen, dünnen Beinen bedächtig umher. Schwarze australische Schwäne segeln neben ihren weißen Geschwistern mit halbgeöffneten Flügeln über die Flut, und rings um sie tummeln sich verschiedene Entenarten, eine immer zierlicher und hübscher gezeichnet als die andere.

Ein kleiner grauer Reiher stört uns in unserer Betrachtung. Wie ein Wegelagerer hat er unbeweglich hinterm Busche dicht am Wege gestanden und pickt uns jetzt mit dem spitzen Schnabel heimtückisch durch das Netz des Geheges hindurch in die Hand. Gegen unsere Rache ist er geschützt und schaut uns mit funkelnden Augen so kampflustig an, als wolle er den Angriff sofort wiederholen. Wir werfen nur noch einen Blick auf die prächtigen roten Flamingos, die soeben in langer Reihe einer hinter dem anderen nach dem Wasser marschieren, um dort mit den sonderbaren Schnäbeln im Schlamme nach Insekten zu suchen. Hierbei halten sie den Oberschnabel zu unterst, indem sie den Kopf zur Seite drehen. Mit ihren langen Stelzbeinen schwimmen sie wie die Enten.

Wir finden weiterhin die meisten unserer größeren Waldtiere nicht weit voneinander. Ein schöner Wiesenfleck ist von einer Einhegung umgeben und in mehrere Abteilungen geteilt. In der Mitte sind Stallungen zum Schutz bei schlechtem Wetter und die Futterraufen. Hier lustwandelt ein ganzes Rudel Edelhirsche; kaum sehen sie uns, so kommen sie an das Gitter, um ein Stückchen Brot in Empfang zu nehmen. In der zweiten Abteilung sind Rehe, die möglichenfalls noch zutraulicher sind als die Hirsche. Dann folgt eine Schar Damhirsche, darunter auch einige weiße.

In einem Stalle etwas weiterhin logiert eine Wildsau, eben jetzt von einer Schar buntstreifiger Ferkel umgeben. Das folgende Häuschen, mit Eisengitter verwahrt, birgt unseren alten Bekannten, Reineke den Fuchs, der ein süßsaures Gesicht dazu macht, daß er hier den Leuten zur Schau stehen muß, statt im freien Walde nach Kaninchen und Vögeln spüren zu können. Die zweite Hälfte des Gemachs enthält seinen Vetter Isegrim, den Wolf, den unsere Wälder glücklicherweise nicht mehr kennen. Dieser hier ist aus einem der Nachbarländer ganz jung eingebracht worden und benimmt sich so zutraulich wie ein Hund. Die nächste Buschgruppe birgt ein Häuschen mit Wildkatzen, jetzt in unseren Wäldern schon eine große Seltenheit. Eine derselben kauert oben auf dem Baumast, der in der Mitte des Käfigs ist, und weist uns fauchend die Zähne; sie ist viel größer und stärker als unsere Hauskatze.

Ein folgender Verschlag enthält den künstlichen Bau eines Dachses, ebenfalls eines Bewohners des deutschen Waldes, den aber wegen seines nächtlichen, einsamen Lebens und seiner Scheuheit sehr selten jemand zu Gesicht bekommt. Für gewöhnlich liegt er den ganzen langen Tag hindurch drunten im Kessel des gemauerten Baues, pflegt der Verdauung und kommt am ehesten noch des Nachts hervorgekrochen, um zu sehen, was ihm der Wärter für Leckerbissen aufgetischt hat.

Ein sehr interessantes Geschöpf unserer Heimat, das wir hier nebenan finden, ist der Fischotter. Er wurde als junges Tier eingefangen und ist so zahm geworden wie ein Hündchen. In seinem gut verwahrten Gehege hat er einen kleinen Teich erhalten, in dem er so gewandt schwimmt wie ein Aal. Wir kommen gerade zurecht, um ihn füttern zu sehen.

Eine Familie Wildschweine.

Es werden ihm frische lebende Fische in sein Bassin geworfen, und wie der Blitz ist er hinterdrein, faßt sie, trotz aller Wendungen und Winkel, welche sie machen, und schleppt die zappelnden Wasserbewohner aufs Trockene. Unter dem scharfen Gebiß des Otters verschwindet ein Fisch nach dem anderen, und nur die harten Schwänze und Flossen bleiben übrig.

Käfige mit Drahtgittern beherbergen Edelmarder, Steinmarder, Iltisse und Hermeline, alles Landsleute von uns, Bewohner von Wald und Flur, aber eines immer lichtscheuer und versteckter als das andere. Es ist eine wahre Lust, zuzusehen, mit welcher Gewandtheit der Edelmarder an dem dürren Astwerk emporklettert, das in seinem geräumigen Gefängnis angebracht ist, wie er es dem Eichhörnchen darin an kühnen

Sätzen und blitzschnellen Wendungen gleichtut und sich schlau hinter die Zweige verbirgt, sobald er unser ansichtig wird. Unser Begleiter teilt uns bei dieser Gelegenheit mit, daß in unserem Vaterlande doch verhältnismäßig noch eine namhafte Anzahl Raubtiere vorhanden ist, so wenig wir auch bei unseren Wanderungen im Walde von denselben gewahr geworden sind. Sie halten sich alle möglichst versteckt, verbringen den Tag in Höhlen und abgelegenen Schlupfwinkeln und sind durch die Gefahren, welche ihnen auf jedem Ausgange drohen, so scheu und vorsichtig geworden, daß sie lieber auch noch ein paar Nächte hindurch daheim bleiben und hungern, als ihr Leben aufs Spiel setzen, sobald ihnen Verdächtiges in der Nähe vorhanden scheint. Es werden jährlich in Deutschland noch gegen 5000 Dachse erlegt, ebenso 5000 Fischottern, 30 000 Edelmarder, 70 000 Steinmarder, 100 000 Füchse und 200 000 Iltisse, die alle geschätztes Pelzwerk zu Winterkleidern liefern.

Bei einem Winterspaziergange begegnen wir auf den Straßen einer größeren Stadt Hunderten von Leuten in den Pelzen der Raubtiere.

Jetzt kommen wir zu einem der Glanzpunkte des Tiergartens, dem Bärenzwinger. Eine bequeme Treppe führt uns auf die Galerie eines starken und hohen Turmes hinauf. Im Innern sehen wir mehrere Abteilungen mit verschiedenen Bärenfamilien. In dem größeren Raume in der Mitte ist ein Wasserbehälter, der als Badewanne für den Meister Braun dient. Daneben erhebt sich ein starker Baum mit einigen derben Ästen. Die Rinde desselben ist ganz glatt geworden durch das öftere Herabrutschen der starken Tiere. Kaum hören die Braunen uns nahen, so klettert auch schon der eine geschickt bis in die oberste Zweiggabel und sperrt den Rachen gegen uns auf, so weit er nur immer kann. Er will uns nicht etwa etwas zuleide tun, sondern gibt uns einfach zu verstehen, daß er in das große Rachenloch gern ein Stück Brot hinein haben möchte. Fast jeder, der zum Bärenzwinger kommt, hat sich auch gewöhnlich mit Wurfgeschossen vom Bäcker versehen und sucht das Ungetüm in den Rachen zu treffen. Geht der Wurf fehl, so fahndet der Braune mit der breiten Tatze geschickt nach dem vorbeifliegenden Bissen. Fällt letzterer doch zu Boden, so ist dies für seinen Kameraden, der unten lauert, desto besser. So gutmütig die dickpelzigen Herren da drunten auch scheinen, so ist ihnen doch gar nicht viel zu trauen. Sie legen nicht selten den Kopf dicht an das Eisengitter des Tores, durch welches wir zu ebener Erde in ihren Zwinger hineinschauen können, strecken auch wohl eine Tatze heraus, als wollten sie uns begrüßen, aber wehe dem Unvorsichtigen, der ihnen zu nahe kommt — ein furchtbarer Krallenhieb würde ihm für immer unvergeßlich machen, daß der Bär ein Raubtier ist.

Zu den einheimischen Tieren sind fremde gesellt. Neben den Hirschen weidet mexikanisches und virginisches Rotwild, auch südasiatisches; dann folgen die allerliebsten Arten der Antilopen, teils Afrikaner, teils Asiaten.

Der Dachs.

Von einem künstlichen Felsen herab schaut uns eine Gemse neugierig mit großen Augen an, auf einer zweiten Steingruppe hat ein Mufflon sein Lager. Es ist dies ein Wildschaf, das manche als die Stammform unseres zahmen Schafes ansehen.

Neben dem Stalle der Wildsau sind kleine Gehöfte mit Bisamschweinen aus Amerika und ein anderes mit einem Hirscheber von den Inseln des Stillen Ozeans. Ein großes Gebäude umfaßt die Stallungen der vornehmen Verwandten des Schweines: des Elefanten, der uns auf Befehl seines Wärters seine Tausendkünste vormachen muß, des Nashorns und des Tapirs.

Eine Wanderung durch einen reichbesetzten Tiergarten gleicht fast einem Besuche der Arche des Vaters Noah. Hier kommen der Reihe nach die wohl vergitterten Käfige von Löwen, Tigern, Leoparden, Pumas, Hyänen, Schakals, Eisfüchsen und Eisbären, Grislibären, dann wieder die Verschläge der Beuteltiere: des Känguruh, Wombat, der Beutelratte usw. In langer Reihe sitzen die befiederten Räuber nebeneinander: Kondor, Bartgeier, Adler, Geier, Falken und Habichte — weiterhin kommt ein wohlgeheiztes Haus mit Schlangen von mancherlei Art und Charakter; von der Riesenschlange an, welche vielleicht eben ihre Eier ausbrütet, bis zu der giftigen Klapperschlange, die außer durch Drahtgitter noch durch Glasscheiben von uns getrennt bleibt. Beinahe alle unsere einheimischen Schlangen sind hier in belehrender Zusammenstellung nebeneinander: die graublaue Ringelnatter, die hellbräunliche glatte Natter und auch die in Schlangenbad vorkommende Äskulapschlange, die mutmaßlich von den Römern ehedem dort eingeführt ward. Sie ist eine der gutartigsten unseres Erdteils und wird bald so zahm, daß sie auf den Ruf ihres Wärters herbeikommt und aus der vorgehaltenen Schale trinkt. Von großem Interesse ist uns eine ganze Reihe Kupferschlangen oder Kreuzottern, die in der Färbung bedeutend voneinander abweichen. Die meisten derselben sind fast schwarz, und der Wärter teilt uns mit, daß die meisten Tiere dieses Geschlechts diese dunkle Färbung zeigen; auf acht schwarze, sagt er, kommen etwa nur zwei von jenem hellkupferigen Aussehen, bei welchen das Zickzackband auf dem Rücken hervortritt. Die schwarzen sind meistenteils Weibchen, und dadurch, daß man sie mit den gewöhnlichen Nattern verwechselt hat, sind schon viele Unglücksfälle entstanden. In manchen Gegenden unseres Vaterlandes sind sie aber leider noch häufig genug, und nach den Berichten der Ärzte sollen durchschnittlich in jedem Jahre doch noch 50 Fälle vorkommen, daß Menschen von Kreuzottern gebissen werden. Zum Glück sollen nur etwa drei Fälle davon den Tod herbeiführen, andere haben freilich Lähmungen und langwierige Krankheiten im Gefolge.

Das Warmhaus bringt auch eine reiche Auswahl allerliebster kleiner Vögelchen, die in heißen Ländern zu Hause sind, zärtliche Papageien und in einem Vogelbauer auch — Zwerghirschchen von Java, so zierlich und nett, daß sie als Schoßhündchen dienen können, und so zutraulich, daß sie auf den Ruf herbeikommen, um Semmelkrumen zu naschen.

Große Gehöfte enthalten schwarze Büffel und hellfarbige Zebus, Ziegen und Schafe der verschiedensten Art, buntfarbige Fasanen, Perlhühner und eine Menge Spielarten von Hühnern und Tauben.

Diese letzteren Gehöfte machen uns aber noch auf einen eigentümlichen Nutzen der Tiergärten aufmerksam, den man sich von ihnen verspricht.

Fasanen.

Wir alle wissen, daß die Haushühner jedenfalls von Asien aus erst bei uns eingeführt worden sind; dasselbe ist auch mit dem Pfau und den Fasanen geschehen. Die Hauskatze haben wir wahrscheinlich von Ägypten her erhalten und den Truthahn von Amerika. In den Tiergärten und besonders in den ähnlich eingerichteten Versuchsgärten (Gewöhnungsgärten, Akklimatisationsgärten) hat man es sich zur Aufgabe gestellt, zu versuchen: ob man nicht nützliche Tiere anderer Länder an unser Klima gewöhnen könne. So ist es bereits geglückt, die seidenhaarige Angoraziege in mehreren Gebirgsgegenden einzuführen; bei dem tibetanischen Grunzochsen hofft man dasselbe zu erreichen. Das

Lama hat sich bereits mehrfach fortgepflanzt und scheint sich einzugewöhnen. Ein Gleiches berichtet man über den Dauw, einen Verwandten des Pferdes, über die Nilgauantilope sowie eine Anzahl Hühner, so den schönen Goldvogel aus Indien, den japanischen Fasan und den vom Himalaja. Von den Schwimmvögeln scheint dies zu gelingen mit dem schwarzen Schwan aus Australien und dem weißhalsigen aus Brasilien, der ägyptischen und der Sandwichgans, der chilenischen und der Carolina-Ente. Die Krankheit, welche zeitweise den echten Seidenraupen so verderblich wird, brachte es dahin, Versuche mit anderen spinnenden Raupen zu machen, welche die erstere zum Teil ersetzen könnten. Die Versuchsgärten dehnen ihre Bestrebungen auch auf Gewächse aus, welche uns Nutzen gewähren können.

So sorgen diese künstlichen Wälder ebensowohl für Haus und Hof, durch welche wir bereits miteinander wanderten, als auch für Feld und Flur, durch welche wir nun unsere Entdeckungsreisen fortsetzen werden.

Fasanen.

Ende des Bändchens.

Anzeigen

Hermann Wagners

Entdeckungsreisen

Entdeckungsreisen in der Wohnstube. 9. Auflage. Mit 100 Text-Abbildungen, einem Buntdruck- und einem Tonbilde.

Entdeckungsreisen in Haus und Hof. 12. Auflage Mit 114 Text-Abbildungen, sowie einem Farbendruckbilde.

Entdeckungsreisen in Feld und Flur. 13. Auflage. Mit 100 Text-Abbildungen und zwei Buntbildern.

Entdeckungsreisen in Berg und Tal. 8. Auflage. Mit 88 Text-Abbildungen und einem Titelbilde in Farbendruck.

Entdeckungsreisen in Stadt und Land. Streifzüge in Mitteldeutschland. 7. Aufl. Mit 81 Text-Abbildungen und einem Titelbilde in Farbendruck.

☛ Jeder Band ist einzeln käuflich und kostet gebunden M. **2.50**

Wagners Entdeckungsreisen gehören zu dem Besten, was zur Belehrung und Unterhaltung der Jugend geschrieben worden ist. Die sämtlichen Bändchen zeugen von Begeisterung für die Natur, tiefer Kenntnis derselben und scharfer Beobachtung. Die Sprache ist leichtverständlich, die Darstellung anziehend, die Illustration mustergültig und naturgetreu.

Verlag von Otto Spamer in Leipzig

Unsere Haustiere

Charakterzüge, Schilderungen und Anekdoten aus der Tierwelt für die Jugend

von

Hermann Pösche

Dritte, verbesserte und vermehrte Auflage

Mit 204 Abbildungen

Zwei selbständige und einzeln käufliche Bände

Preis eines jeden Bandes gebunden M. 4.—

Inhalt: Erster Band: Das Pferd. — Der Esel. — Das Rind. — Die Ziege. — Das Schaf. — Das Schwein. Zweiter Band: Der Hund. — Die Katze. — Das Renntier. — Das Kamel. — Der Elefant. — Unser Federvieh.

Unsere Haustiere sind die besten Freunde und Gefährten unserer Kinderwelt, daher ist ein Buch wie das vorstehende des lebhaften Beifalls unserer fröhlichen Jugend sicher. Ohne der strengen Wissenschaft etwas zu vergeben, werden in den beiden Bänden dem jugendlichen Leser unterhaltende und belehrende Beschreibungen und Geschichten ernsten und heiteren Inhalts über un,ere Haustiere dargeboten.

Die kleinen Tierfreunde

Sechsundfünfzig

kurzweilige Erzählungen aus der Tierwelt

Ein unterhaltendes Büchlein

für fröhliche Kinder im Alter von 7 bis 10 Jahren

von

Dr. Carl Pilz

Neunte Auflage

Mit 80 Text-Abbild. und einem Titelbild in Farbendruck

Gebunden M. 2.50

Ein unterhaltendes und fesselndes Buch, das bei den Kindern die Liebe für die Tiere in hohem Grade fördert und damit veredelnd auf den Charakter wirkt.

Im Grünen

oder

Die kleinen Pflanzenfreunde

Kleine Erzählungen aus dem Pflanzenreich

von

Hermann Wagner

Siebente Auflage

Mit 80 Text-Abbild. und einem Titelbild in Farbendruck

Gebunden M. 2.50

Das Nest des Schneidervogels.

Verlag von Otto Spamer in Leipzig

Harriet Beecher Stowe

Onkel Toms Hütte

oder

Negerleben in den Sklavenstaaten von Amerika

Bearbeitet von **Otto Zimmermann**

Gebunden M. **1.75.**

Onkel Toms Hütte, dieses Lieblingsbuch unserer Jugend, erscheint hiermit in einer völlig neuen Form. Otto Zimmermann hat sich auch bei diesem Werke in gleicher Weise wie in seinen Bearbeitungen des „Robinson Crusoe“ und des „Nettelbeck“ die Aufgabe gestellt, die literarische Eigenart des Originals zu wahren, andererseits aber auch die Erzählung dem Geschmack unserer Zeit und den Absichten der heutigen Erziehung gemäßer zu gestalten. Der jugendliche wie der erwachsene Leser wird sich von der Lebens- und Leidensgeschichte Onkel Toms packen und rühren lassen durch die wunderbare Kunst der Verfasserin, Menschen zu zeichnen.

Es gibt kaum ein Buch, das einem verständigen Kinde tiefer ans Herz greifen könnte als diese vortreffliche Bearbeitung des alten „Onkel Tom“.

Robinson Crusoe

von

Daniel de Foe

Bearbeitet von Otto Zimmermann

Illustriert von F. H. Nicholson.

Große Ausgabe.	**Kleine Ausgabe.**
Mit 33 Abbildungen.	Mit 19 Abbildungen.
Fein gebund. M. 3.–	Fein gebund. M. 1.–

Otto Zimmermann, der Herausgeber dieser von der Hamburger Jugendschriften-Kommission angeregten and nach den Grundsätzen der „Vereinigten deutschen Prüfungsausschüsse“ bearbeiteten Ausgaben, hat sich mit tunlichster Treue an das Original des Dichters gehalten und unter Verzicht auf jenen schulmeisterlichen Ton, der das Kunstwerk De Foes nur zu zerstören geeignet ist, fast überall die schlichte, ans Herz greifende Sprache des Meisters selber reden lassen. Die vornehme Ausstattung, die vielen feinen Bilder Nicholsons und der niedrige Preis sichern diesen prächtigen Ausgaben die weiteste Verbreitung.

Verlag von Otto Spamer in Leipzig

Christoph Kolumbus

Christoph Kolumbus

und die Entdeckung von Amerika

Für Jugend und Volk geschildert
von
Johannes März

Mit 46 Text-Abbildungen und einer Karte der Reisen des Kolumbus

Geheftet M. 3.—, gebunden M. 4.—

Ferdinand Cortez
und die Eroberung von Mexiko

Für Jugend und Volk geschildert von
Johannes Kleinpaul

Mit 48 Text-Abbildungen. Geheftet M. 4.50, gebunden M. 5.50

Francisco Pizarro
und die Eroberung von Peru

Für Jugend und Volk geschildert von
Johannes März

Mit 42 Text-Abbildungen. Geheftet M. 4.50, gebunden M. 5.50

Die Entdeckung der Neuen Welt durch Christoph Kolumbus, sowie die Eroberung von Mexiko und Peru durch Ferdinand Cortez und Francisco Pizarro gehören zu den denkwürdigsten Begebenheiten aller Zeiten. Im ersten Buche werden die vier Entdeckungsfahrten des großen Genuesen vorgeführt, dagegen schildern die folgenden Bände die kühnen Taten der Eroberer von Mexiko und Peru so lebendig und packend, daß sie sich wie spannende Romane lesen, und doch berichten die Verfasser nur historische Tatsachen. Die Illustrierung ist reich und authentisch und stellt teils die handelnden Personen dar, teils veranschaulicht sie die eigenartige Landschaft, den Schauplatz der Ereignisse in charakteristischen Ausschnitten. Eine fesselndere und anregendere Lektüre gibt es kaum.

Verlag von Otto Spamer in Leipzig

Joachim Nettelbeck

Bürger zu Kolberg

Eine Lebensbeschreibung von ihm selbst aufgezeichnet

Gekürzte Fassung von **Otto Zimmermann**

Gebunden M. 2.–

Die Erinnerungstage der schweren Zeit, die vor 100 Jahren unser Vaterland bedrückte, kehren wieder, und mit dieser Wiederkehr gewinnt die Lebensbeschreibung des geraden, ehrlichen und energischen Kernmenschen **Joachim Nettelbeck** ein erhöhtes Interesse. Sie liegt hier in neuem Gewande vor. **Otto Zimmermann** hat in seiner gekürzten Fassung an der schlichten Darstellung nichts geändert, um den ganzen Menschen, den alten Nettelbeck mit dem klugen Kopfe, mit dem warmen Herzen und der königstreuen Seele, den man trotz seiner Barschheit mit ganzer Seele lieben und achten muß, herauszubringen und besonders unserer Jugend wieder vor Augen zu stellen.

Verlag von Otto Spamer in Leipzig

Ferdinand von Schill

Ein Heldenleben

Auf Grund von J. C. L. Hakens „Lebensbeschreibung nach Originalpapieren" und nach neuen Forschungen herausgegeben von **Otto Zimmermann**

Mit einem Bildnisse Ferdinand von Schills und sechs Kärtchen

Geheftet M. **2.—**, gebunden M. **2.50**

Die vorliegende Arbeit will zu einer Zeit, in der mit dem 100jährigen Todestage Schills die Erinnerungen an den ritterlichen Streiter für Deutschlands Ehre und Freiheit neu erwachen, auf dem Grunde wertvoller Darstellungen von Zeitgenossen und Waffengefährten des großen Märtyrers und unter Berücksichtigung der jüngsten Forschungsergebnisse das Bild des verwegenen Helden für das deutsche Volk erneuern. Die bunte Mannigfaltigkeit kecker, kriegerischer Abenteuer, die rasche Folge erregender Erlebnisse und die tragische Größe eines heldenhaften Unterganges kommen dem Sinn jugendlicher Leser für das Große und Ungewöhnliche entgegen, zugleich aber möchte das Buch durch die Würde seines geschichtlichen Gegenstandes und eine gehobene Darstellung auch literarischen Ansprüchen genügen. Zu einer Zeit, in welcher der natürliche und gern geduldete Geschmack der Jugend am Abenteuerlichen nach den gemeinsten Erzeugnissen der Literatur greift, darf die sorgfältige Arbeit des Herausgebers, der zu dem Text auch eine Anzahl sehr brauchbarer Karten gezeichnet hat, als recht verdienstlich bezeichnet werden.

Verlag von Otto Spamer in Leipzig

Seehelden und Seeschlachten

in neuerer und neuester Zeit

Geschildert von

Korvetten-Kapitän a. D. **v. Holleben**

Mit 60 Abbildungen

Elegant gebunden M. **6.50**

Admiral Togo auf der Kommandobrücke.

In diesem neuen Werke bietet der Verfasser des bereits in 11. Auflage erschienenen Deutschen Flottenbuchs unserer Jugend eine Reihe fesselnd geschriebener Lebensbilder großer Seehelden der verschiedenen Nationen neuerer und neuester Zeit, die uns durch ihre Seesiege, welche zugleich Wendepunkte in der Weltgeschichte bezeichnen, den Weg auf das Meer gewiesen haben.

Von Don Juan d'Austria, dem Helden von Lepanto, beginnend, bis zu Togo, dem japanischen Admiral, der erst jüngst wie ein Meteor in die Erscheinung trat, sind die gewaltigen Seekriege der Vergangenheit und Gegenwart in kurzen Zügen geschildert und bilden für die Jugend **eine ebenso belehrende wie unterhaltende Lektüre.** Der Band ist mit **zahlreichen vorzüglichen Abbildungen** versehen, er wird sicher, gleich dem Deutschen Flottenbuche, die Herzen der deutschen Jugend gewinnen und dem Flottengedanken immer breiteren Raum schaffen, durch den Hinweis auf das, was Völker groß machte und was unserm Vaterlande an der wahren Größe noch fehlt, auf **die Geltung zur See.**

Verlag von Otto Spamer in Leipzig